U0017769

小薊★ A
蜂斗菜★ B
薄荷★
蘿藦★ C
大花安息香★ D
枳殼★
蕓薹（油菜）★ E
圓齒水青岡★ F
石楠★
染井吉野櫻★ H

※標示★記號的是有出現在漫畫中的植物。

隨著地球的歷史發展，植物也有這麼多采多姿的演化！

## 被子植物基群

睡蓮、木蘭、樟樹、辛夷等

被子植物是在真雙子葉植物和單子葉植物出現前就已經存在的古老物種。

日本辛夷
（日本玉蘭） O

## 蘚類的夥伴

檜葉金髮蘚 P
地錢 Q

與蕨類、種子植物不同，沒有根、莖、葉的區分，利用植物體表面吸收水分，平常看到的部分稱為「配子體」。個頭小，多半出現在潮溼的地方。

## 蕨類的夥伴

木賊★ R
蕨 S

與種子植物一樣有根、莖、葉的差別。與苔蘚類不同，也具有維管束（參見50頁）。通常看到的部分稱為「孢子體」。多半出現在潮溼的地方。

攝影／廣瀨雅敏Ⓒ、奧山久ⒹⒼⒿ、植松國雄Ⓚ、朝倉秀之Ⓝ、多田多惠子ⒶⒾⓄⓆⓇ、田中肇（Flower Ecologist）ⒺⒽⓁⓈ

## 單子葉植物

種子萌芽只會長出一片子葉（參見17頁）。葉子多半細長，葉脈（參見24頁）為平行脈，維管束散生在組織中，因此莖不會變粗。花瓣片數為三的倍數。

水稻

鴨跖草

檸檬色百合*

石蒜

水稻的子葉

細齒天南星★

## 真雙子葉植物

種子萌芽會長出兩片子葉，葉脈成網狀，莖中的維管束排列為環狀；木本植物的莖會變粗，形成年輪，花瓣有四至五片。

絲瓜的子葉

## 種子植物

**靠種子繁衍的植物**

雌蕊授粉後產生種子（參見55頁）。可以分為仍保有遠古性質的「裸子植物」，以及有子房包住胚珠的「被子植物」這兩大類。最早誕生的原始被子植物演化出單子葉植物與真雙子葉植物。

## 裸子植物

**松樹、杉木、檜木、銀杏、蘇鐵等**

胚珠裸露，沒有子房包被。有維管束，能夠長成樹。針葉樹皆屬於裸子植物。裸子植物的種類比被子植物少。

蘇鐵

# 植物的演化與夥伴分類

「植物」是什麼樣的生物？我們來看看植物的演化，順便了解植物如何分類吧。

## 蘇類的夥伴 ═ 蕨類的夥伴

**靠孢子繁衍的植物**

不產生種子，孢子成熟後製造出卵子和精子，精子游向卵子受精，打造出能夠產生孢子的個體。

## 藻類 → 請看封底內蝴蝶頁的介紹！

主要生活在水中的生物，包括會行光合作用（參見24頁）的浮游植物，以及海藻類等。分類上屬於原生生物，但不屬於植物。部分藻類能夠生活在陸地上之後才演化成植物。

# 科學大冒險

# 探究 植物 夢工廠

角色原作：**藤子・F・不二雄**

漫畫：**肘岡誠**　日文版審定：多田多惠子（理學博士、植物生態學者）

譯者：黃薇嬪　台灣版審訂：楊智凱

哆啦A夢 科學大冒險

# 探究植物夢工廠

目錄

攝影／青山富士夫Ⓐ、多田多惠子Ⓒ　影像提供／PIXTAⒷ

2

↑地蜈蚣（參見33頁）
有一片片的小葉子，葉子大小約2毫米。

↑紅楠的嫩葉（參見42頁）。不是秋天卻可以這麼紅。

↑馬兜鈴（參見78頁）的花裡面有讓人吃驚的構造！

●角色原作／
藤子・F・不二雄

●漫畫／肘岡誠

●審訂／多田多惠子
（理學博士／植物生態學家）

●封面・內頁設計／
堀中亞理＋Bay Bridge Studio

●館野正樹（東京大學日光植物園）、糟谷望

●插畫／杉山真理

●製作／山崎萬葉

●材料提供／木戶禮

●編輯／藤田健一

※輕飄飄

蒲公英的果實嗎？

怎麼可能？現在是冬天耶。

而且那東西的形狀和大小，都跟蒲公英的果實不一樣。

我在電視上看過，那該不會是……

神祕生物「白毛球」？

!?

白糖球？

那是什麼？

好吃嗎？

白毛球啦！怎麼可以拿來吃?!

**白毛球真的存在？**

白色毛球外型的幻想生物，傳說拿到的人會招來好運。照片上的東西被認為是貓頭鷹等肉食性鳥類吃剩的小動物毛。「白毛球」這種生物究竟是否存在、長相如何等，至今仍是個謎。

影像提供／日本姬路市立動物園

6

看起來像動物的毛……

我們問問它吧。

問？

「童話眼鏡」。

戴上之後，看著那個在飄的東西。

你們用不著害怕。

說話了！

果然是神祕生物！

它不是真的在說話，而是戴上那副眼鏡後，就會把動植物都擬人化。

我來猜猜，你是不是蘿藦？

對，我是蘿藦的種子。

因為我的外表長這樣，有些人會誤會我就是「白毛球」。

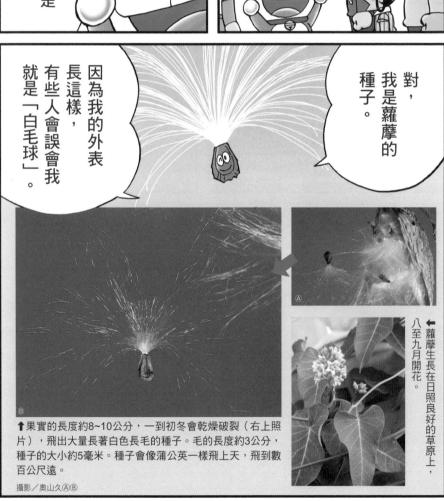

↑果實的長度約8~10公分，一到初冬會乾燥破裂（右上照片），飛出大量長著白色長毛的種子。毛的長度約3公分，種子的大小約5毫米。種子會像蒲公英一樣飛上天，飛到數百公尺遠。

攝影／奧山久 Ⓐ Ⓑ

←蘿藦生長在日照良好的草原上，八至九月開花。

沒禮貌！

原來只是普通種子啊。

輕飄飄的真可愛！

你要去哪裡？要做什麼？

我正在乘風旅行，找尋新的住處。

我們可以跟著你嗎？

當然！

哆啦A夢，拿「竹蜻蜓」出來吧。

我有更好的！

用這個梳頭髮，

「蒲公英梳子」。

頭髮就會變得像蒲公英的冠毛一樣，大家就能輕飄飄起飛了。

哇！飛起來了！

身體像羽毛一樣輕！

準備好了。

我也縮小。

ピヤ

最後再用「縮小燈」變小。

※一照

10

## 圓錐鐵線蓮

果實長度大約四毫米，頂端似羽毛狀。這個部分還是花的時候，是雌蕊的花柱。

Ⓐ

Ⓑ

## 西洋蒲公英

有細喙的果實長度約三毫米，利用降落傘狀的白色冠毛飛上天。

Ⓒ

## 鵝仔草

與蒲公英同樣是菊科的夥伴，但它果實部分長度約五毫米，略大，利用極短喙另一頭長度約七毫米的傘狀冠毛飛行。

還有其他夥伴也會乘風旅行喔。

你們看！

你們看那個！

滾遠一點！

你才是！

好擠！

可是你為什麼要特地到處旅行找住處？

一般植物種子不是直接掉在地面上就會發芽嗎？

攝影／奧山久ⒶⒸ、多田多惠子Ⓑ

我懂了，生活在同一處，就會互相爭奪養分、水、陽光吧。

沒錯，因為種子會一次長出很多。

陽光

養分 水

那是開花之前的油菜。

長得好擁擠。

而且彼此住得太靠近，假如冒出大量吃那種植物的蟲，就會全都被吃光，對吧？

所以我為了分散風險，會拓展生活的領域。

原來如此……植物跟動物不一樣，無法移動會有很多問題呢。

除了隨風旅行之外，

種子還有其他許多移動方式喔！

# 追蹤！種子的旅程

除了像蘿藦這樣利用冠毛飛行的種子之外，種子或包著種子的果實還會利用其他各種方式外出旅行。植物會透過風吹、水流、跟著動物等方式，擴展生活場域。

## 靠翅膀飛遠墜落

包括了果實能夠像直升機一樣旋轉、乘風飛遠的類型（楓樹、米麵蓊、梧桐），以及種子隨風翩然飛舞散播的類型（泡桐）等。

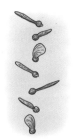

### 楓樹

←重心偏向一側，因此會一邊旋轉一邊緩慢的降落。

米麵蓊 Ⓑ

泡桐 ★ Ⓒ

樗樹 Ⓓ

種子 Ⓔ

梧桐

海埔姜 Ⓖ

黃鳶尾 Ⓗ

合萌 Ⓘ

## 隨水漂流

生長在水邊的植物，果實和種子結構輕巧，能夠漂浮在水上，落在水面上就會經由水流或海流被帶往遠方。

★椰子樹

←Ⓕ椰子樹的果實外果皮像上了一層蠟、中果皮的纖維狀則充滿許多空氣，所以容易浮在水面。↑Ⓖ海埔姜果實是木栓材質；Ⓗ黃鳶尾的種子內有氣室，能夠浮在水上。↑Ⓘ合萌的種子長在果莢裡，能夠斷成一節節，任由水搬運。

Ⓕ

## 彈出飛散

包著種子的果實外皮，會吸收水分破裂（鳳仙花），或是乾燥彈開（牻牛兒苗），把種子噴出去。

### 鳳仙花

←↓果實成熟後破裂彈飛，果皮會協助種子彈射。

Ⓙ

### 牻牛兒苗

Ⓚ

↓果皮乾燥後，就會縱向裂開掀起，原本在果實基部的種子就會順著果皮掀開的力量彈飛，最遠可達1公尺左右。←種子彈飛，果皮掀開的果實。

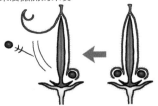

攝影／奧山久ⒶⒿⓁⓂⓈ、多田多惠子ⒸⒹⒼⒽⓃⓄ、田中瑞睦Ⓘ、廣瀨雅敏Ⓡ、本多郁夫Ⓣ

## 沾在人類或動物身上移動

果實上有鉤刺（蒼耳、小山螞蝗）或是倒鉤（牛膝）可以依附。

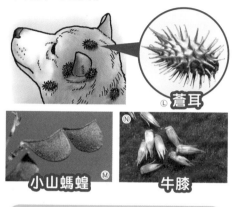

ⓁⓂ 蒼耳

小山螞蝗 Ⓜ

牛膝 Ⓝ

## 動物搬運後埋在土裡

利用松鼠等喜歡把食物埋在土裡的習性，移動有堅硬外殼的種子和果實。

黑櫟

Ⓞ

← 果實內含有大量營養，動物遺忘的果實會有機會發芽長大。

日本七葉樹 ★　麻櫟 Ⓟ　山核桃 Ⓠ

## 鳥類或動物吃下後搬動

鳥類或動物吃下果實後，種子沒有被消化掉而是隨著糞便來到其他地方發芽落地生根。

南天竹 Ⓡ

紫珠 Ⓢ

↑← 會被鳥吃下並帶走的種子，多半是大小跟鳥嘴差不多、有漂亮顏色的球狀果實。種子有堅硬的外皮保護。

## 螞蟻搬動

種子會產生螞蟻喜歡的果凍狀固體，讓螞蟻把種子搬到蟻穴附近。

豬牙花 Ⓣ

← 螞蟻把長有油質或蛋白質的種子帶回巢穴，只吃掉油質體的部分，種子丟在蟻穴四周。

種子會借助各種動物的力量移動呢。

植物不只會利用動物，也會巧妙利用人類幫忙搬運種子。

植株矮小的雜草「車前草」（參見五十九頁）長在充滿人車的地方，會製造許多種子。種子碰到雨水或露水弄溼，表面就會產生黏性，附著在人的鞋底或車子輪胎上，就這樣跟著人車前往遠方。

影像提供／大江町山里交流館「來去山裡」Ⓑ、photolibrary ⒻⓅⓆ、PIXTA ⒺⓀ
※名稱有「★」記號的照片是種子的照片，其他則是果實的照片。

咦？風停了。

要降落了。

喂，底下是水泥地！

※嚏

著陸了……

落在這種地方怎麼發芽啊？

※落地

別擔心。

什麼意思？

種子只要湊齊這三項條件，就會發芽。

## 「水」「空氣」「適當的溫度」

「只要湊齊這三項條件就會發芽」的意思就是，「只要其中一項不符合，就不會發芽」。因此這裡列出的四種黃豆發芽範例，只有Ⓐ會發芽。

Ⓐ ○ 25℃

溼的脫脂棉花

Ⓑ ×25℃

乾的脫脂棉花

Ⓒ ×25℃

黃豆放在裝水的杯子裡

Ⓓ × 5℃

溼的脫脂棉花

↑Ⓑ缺少的是三項條件之中的「水」，Ⓒ缺的是「空氣」、Ⓓ缺少「適當溫度」。有些植物除了這三項條件，還必須有「陽光」，否則不會發芽。

## 種子構造的兩種類型

柿子

種皮
胚乳
子葉
胚軸

黃豆

上圖是種子的縱剖面圖。子葉是最先長出來的葉子，植物的養分儲存在子葉或胚乳裡。

←利用在千葉縣千葉市挖掘出大約兩千年前的種子培育成的「大賀蓮」。它的子孫如今也在各地開花。

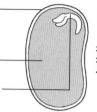

條件不齊全時，有很多種子就不發芽，一直以種子的狀態活著。

現在是冬天，「溫度」很低，而且這裡是水泥地，沒有「水」。

對，必須忍耐。

原來你在等待機會。

可是，繼續待在這裡，只會一直是種子。

如果再來一陣風就好了……

別擔心。

影像提供／千葉市觀光協會

※啪颯、嗖

看我的！

哇啊！

「芭蕉扇」。

只要揮一揮，想要什麼風就吹什麼風。

太好了，我們離開了！

感謝你們的幫忙！

我剛才說你只是普通種子，真是抱歉。

?

一旦降落在怪地方就無法發芽，你獨自進行著玩命的旅行，

我對你改觀了。

18

什麼！

沒錯，既不怕有人動粗也不用忍受難聽的歌聲。

我很嚮往一個人旅行呢。

不過這次跟剛才不同，是降落在土壤上。

還有充足的日照。

嗯。

哇！

你們在說我嗎？給我等著！

咦？

風又停了。

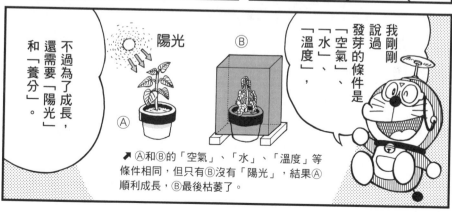

我剛剛說過發芽的條件是「空氣」、「水」、「溫度」，

陽光

Ⓐ

Ⓑ

不過為了成長，還需要「陽光」和「養分」。

↗Ⓐ和Ⓑ的「空氣」、「水」、「溫度」等條件相同，但只有Ⓑ沒有「陽光」，結果Ⓐ順利成長，Ⓑ最後枯萎了。

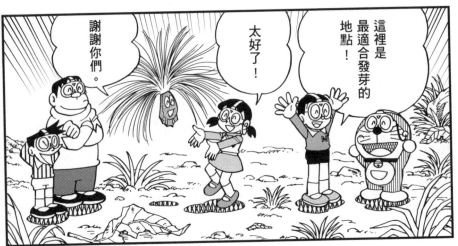

謝謝你們。

太好了！

這裡是最適合發芽的地點！

我會在這裡成長，製造許多孩子，也就是種子。

原來如此。

對了，剛才雖然說我是獨自旅行，不過以後就不是了。

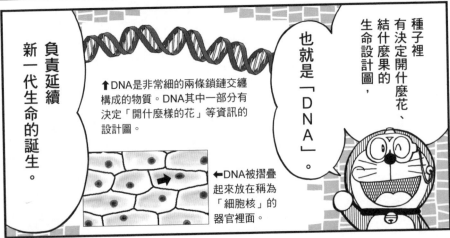

種子裡有決定開什麼花、結什麼果的生命設計圖，也就是「DNA」。

↑DNA是非常細的兩條鎖鏈交纏構成的物質。DNA其中一部分有決定「開什麼樣的花」等資訊的設計圖。

←DNA被摺疊起來放在稱為「細胞核」的器官裡面。

負責延續新一代生命的誕生。

# 第二章 葉子是「植物的工廠」

已經是春天了！

種子發芽了嗎？

上次是在哪裡道別的呢？

你們看那邊！

啊！

哦哦！

這個就是蘿蔔的幼苗啊，真可愛！

有健康長大，太好了。

不是不能移動，只是「沒有必要移動」而已。

這樣就失去自由了……

不能再像種子時那樣自由移動了。

不過，在這裡扎根，意思也就是，

什麼養分，聽起來會吃壞肚子！

用果醬、蝦醬、黃蘿蔔和紅豆麻糬等特選食材煮成的胖虎鍋！

我也會自己製造養分喔！

※濃稠

因為植物能夠自行製造養分。

不是那個意思，動物必須靠走動取得食物，但是植物不同，植物的體內能夠自行製造存活所需的養分。

# 利用光合作用製造養分

前一頁哆啦A夢提過「植物能夠自行製造養分」，而地球上的生物就是利用植物製造的養分維生。

## 光合作用的原理

植物主要是葉子細胞利用光的能量行「光合作用」，從二氧化碳和水轉換成葡萄糖等碳水化合物，製造氧氣。

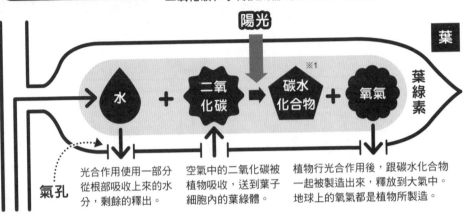

**陽光**

**葉**

水 ＋ 二氧化碳 ➡ 碳水化合物 ※1 ＋ 氧氣

葉綠素

**氣孔**

光合作用使用一部分從根部吸收上來的水分，剩餘的釋出。

空氣中的二氧化碳被植物吸收，送到葉子細胞內的葉綠體。

植物行光合作用後，跟碳水化合物一起被製造出來，釋放到大氣中。地球上的氧氣都是植物所製造。

## 葉子的構造

葉子是由眾多會行光合作用的細胞，以及水與養分的通道等構成。葉子細胞內的顆粒狀物質就是葉綠體。

### 葉子縱剖面

**葉綠體**

充滿綠色色素，葉子利用細胞內的葉綠體行光合作用。

甲
乙

**葉脈**

讓水和養分循環到葉子每個角落的通道。通道有兩種管路，甲是搬運根系吸收之水和養分的「導管」，乙是搬運葉子行光合作用製造之養分的「篩管」。

**氣孔**

用以進行光合作用與呼吸作用的水蒸氣以及空氣的出入口。是由兩個細胞圍繞的小洞，並由細胞負責小洞的開關。

Ⓓ

## 葉脈有兩種

葉脈有兩種，一種是平行脈（右上照片）一種是網狀脈（右下照片）。

Ⓐ

➡平行脈出現在如右邊照片的單子葉植物上，它們發芽長出一片子葉（參見17頁）。

Ⓑ

➡網狀脈出現在如右邊照片的雙子葉植物上，它們發芽時長出兩片子葉。

Ⓒ

攝影／朝倉秀之Ⓐ、奧山久ⒷⒸ 影像提供／photolibrary Ⓓ

## 用養分行呼吸作用

植物是利用葉子行光合作用產生碳水化合物，再分解製造出生存所需的能量。這個過程稱為「呼吸作用」，與光合作用不同，白天夜晚都會進行。

### 維生所需的能量

碳水化合物 ＋ 氧氣 → 水 ＋ 二氧化碳

葉子的氣孔

吸收空氣中的氧氣，在細胞內部分解碳水化合物，取得能量。

碳水化合物被分解成水和二氧化碳。水是氣體狀態（水蒸氣）排放到大氣中。

二氧化碳會跟水蒸氣一起從葉子氣孔排放到大氣中。

## 也會製造蛋白質

植物也會在細胞內合成產生蛋白質，製造新細胞。從根部跟著水一起吸收的氮，以及葉子製造的碳水化合物都是蛋白質的原料。

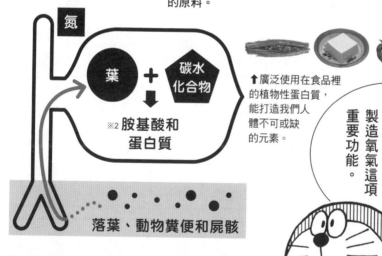

氮

葉 ＋ 碳水化合物
↓
※2 胺基酸和蛋白質

落葉、動物糞便和屍骸

↑廣泛使用在食品裡的植物性蛋白質，能打造我們人體不可或缺的元素。

除了提供營養之外，也別忘了製造氧氣這項重要功能。

包括人類在內的各種動物，多半都是仰賴植物提供營養。你或許會認為：「碳水化合物來自植物沒錯，但是肉類、蛋、奶等都是動物提供的啊？」

沒錯，但那些都是動物吃下植物後，得到蛋白質，在體內製造產生的東西。我們生存不可或缺的食物和氧氣，也可說如果沒有植物就無法取得了。

※1 碳水化合物：澱粉、葡萄糖等作為能量來源的物質。　　※2 胺基酸：經由合成可變成蛋白質的物質。

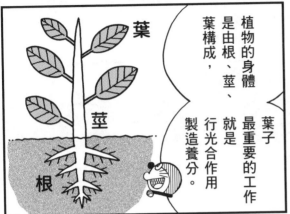

我們去看一下那邊那棵櫻花樹吧？

我們用「竹蜻蜓」飛到上面去看看。

已經長滿了綠葉。

好大棵的樹。

這是最有名的櫻花品種「染井吉野櫻」。

你們仔細觀察一下葉子。

啊！是那個！

看出來了嗎？

真是的。

咦？

三花貓和黑貓在打架，爭奪撿到的食物！

你在看哪裡啦？！

因為植物希望每片葉子都能夠晒到陽光。

我們靠近樹枝瞧瞧。

葉子全都朝上呢。

你注意到重點了。

葉子的葉柄全都整齊錯開呢。

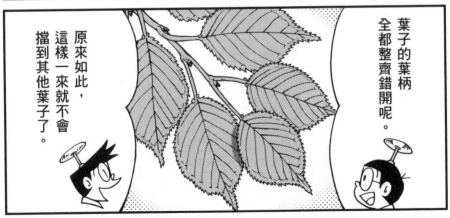

原來如此，這樣一來就不會擋到其他葉子了。

28

那枝葉互相擠在一起的地方怎麼辦？

葉子雖然有交疊，不過每一片都可以晒到太陽。

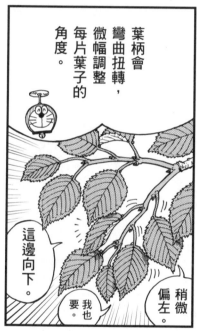

葉柄會彎曲扭轉，微幅調整每片葉子的角度。

這邊向下。

我也要。

稍微偏左。

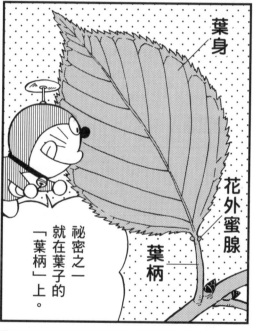

祕密之一就在葉子的「葉柄」上。

葉身

花外蜜腺

葉柄

光是為了盡可能晒到太陽就這麼努力。

所以葉子才會有許多有趣的形狀和生長方式。

# 葉形與葉序千變萬化的葉子博物館

葉子即使基本構造相同，它們的形狀（葉形）和連接樹枝的生長方式（葉序）種類之多，令人驚嘆。每一種都表現出植物的生存智慧。

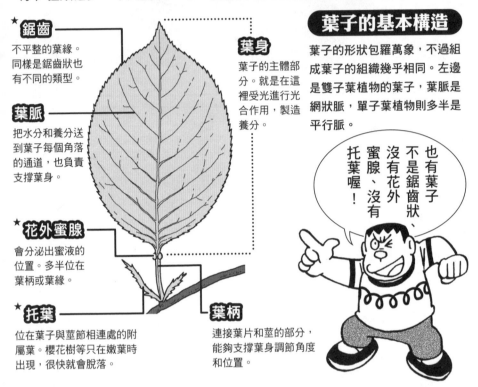

**★鋸齒**

不平整的葉緣。同樣是鋸齒狀也有不同的類型。

**葉脈**

把水分和養分送到葉子每個角落的通道，也負責支撐葉身。

**★花外蜜腺**

會分泌出蜜液的位置。多半位在葉柄或葉緣。

**★托葉**

位在葉子與莖節相連處的附屬葉。櫻花樹等只在嫩葉時出現，很快就會脫落。

**葉身**

葉子的主體部分。就是在這裡受光進行光合作用，製造養分。

**葉柄**

連接葉片和莖的部分，能夠支撐葉身調節角度和位置。

## 葉子的基本構造

葉子的形狀包羅萬象，不過組成葉子的組織幾乎相同。左邊是雙子葉植物的葉子，葉脈是網狀脈，單子葉植物則多半是平行脈。

> 也有葉子不是鋸齒狀、沒有花外蜜腺、沒有托葉喔！

---

## 何謂闊葉樹與針葉樹？

根據葉子形狀區分樹木類型的話，可分為葉子扁平的闊葉樹，以及葉子是針形或鱗形的針葉樹。

**闊葉樹**

葉子又寬又平。在溫暖地區是常綠樹，不過到了寒冷地區多半是落葉樹。闊葉樹的枝葉會大範圍向外擴展，使樹形像青花菜。

**針葉樹**

能夠生長在比闊葉樹更寒冷、海拔更高的環境。葉子形狀是針形或鱗形，大半都是常綠樹。樹幹筆直延伸，樹形呈現三角形。

松樹＝針形　　檜木＝鱗形　　Ⓐ

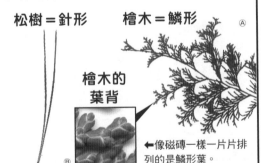

**檜木的葉背**

←像磁磚一樣一片片排列的是鱗形葉。

Ⓑ

※有些葉子沒有★記號的組織。

30

## 葉形——單葉與複葉

由一片葉子構成葉身的稱為單葉，分成幾個小葉構成的稱為複葉。

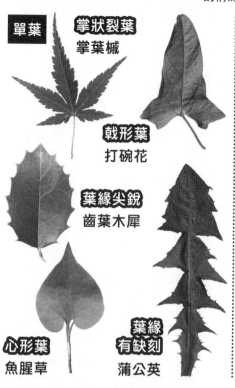

**單葉**

**掌狀裂葉**
掌葉槭

**戟形葉**
打碗花

**葉緣尖銳**
齒葉木犀

**心形葉**
魚腥草

**葉緣有缺刻**
蒲公英

**複葉**

**三出複葉**
野葛

**羽狀複葉**
光蠟樹

這樣是一片葉子。

很像鳥羽毛？

ⓒ

**四回羽狀複葉**
南天竹

## 葉序——主要有三種

互相交錯生長稱為「互生」，兩片成對生長稱為「對生」。大多數是這些型式。

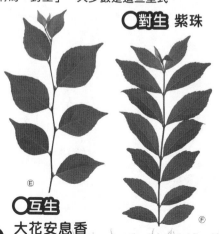

**○對生** 紫珠

ⓔ

**○互生**
大花安息香

ⓕ

**○輪生** 夾竹桃

ⓓ

如左邊照片所示，三片葉子在一個節上生長稱為「三輪生」。其他的還有「四輪生」、「五輪生」等等，不過很少見。

植物的葉子「為了受到更多陽光照射」、「為了在環境中生存下來」，因此在葉形、葉序上做了許多變化。

照片中的大花安息香、紫珠的葉子幾乎都是在水平延伸的樹枝上平行排列，接受日晒。三片一組的萩草葉子，則是攤平長在匍匐莖豎起的葉柄頂端。

31

影像提供／PIXTA Ⓐ、photolibrary Ⓑ　攝影／多田多惠子ⒸⒹⒺⒻ

植物為了照到到陽光，費了不少功夫呢。

你明白它們的生活並不容易了吧？

既然這樣，別分成一片片的小葉子，

直接長出大片大片的葉子，不是很好嗎？

這樣就不用擔心縫隙，能夠晒到充足陽光、行光合作用了。

這附近沒有，我拿「實物圖鑑」給你們看。

的確也有像秋田蕗這類大型葉的植物，

※甩一甩

哇，好大！

葉子的直徑約一點五公尺，葉柄長度最大甚至可達兩公尺喔。

←秋田蕗多半生長在日本東北地區到北海道的多雪地帶，是蜂斗菜的變種。北海道當地傳說秋田蕗的葉子底下住著妖精「克魯波克魯」。

32

## 要使水分在葉子內部循環，因此需要大量的水

必須把水分輸送到葉子的所有細胞，因此葉子越大就需要越多水。秋田蕗（左邊照片）生長在多雪地區，也是因為融雪後能夠取得豐富的水源。

## 製造葉子、支撐葉子都需要大量養分

要長出能夠支撐重量的葉柄及健康的葉子，都需要足夠的養分。

○
厚實

╳ 單薄
無法支撐
自己的重量

可是葉子大，也會發生這種問題。

## 容易被風吹破

大葉子承受的風壓也比較大，容易破裂，即使只有局部破損，也會傷及整個植株。龜背芋（底下照片）等的葉子上就有讓風通過的裂口。

## 葉子的溫度上升，光合作用的效率就會降低

葉子大，承受較多的太陽熱，就會提高葉子的溫度，導致光合作用減緩。

←亞馬遜王蓮的葉子雖然大，但因為在水面上，葉子的溫度不會上升過度，也沒有重量的問題。

## 耐寒、耐旱、耐強風　高山植物的小型葉

地蜈蚣等生長在嚴寒、強風、乾燥、夏季短的高山地區，為了存活下來，長出許多小型的葉子（長度約兩毫米）可度過艱難的環境逐漸成長。

地蜈蚣

### 葉子又厚又硬

健壯，可耐寒冷與強風，水分也不易從葉子表面流失。

越橘

岩高蘭

### 葉子多

即使損失部分葉片，也不至於傷害到植株整體，這也是小型葉的優點。

姑婆芋

水資源豐富且昏暗的熱帶森林底下的植物葉子長很大！

熱帶、亞熱帶叢林裡，經常看到葉子大的植物。這裡沒有吹破葉子的強風，也沒有拉高葉子溫度的強烈日照，而且經常下雨，用不著擔心缺水，因此葉子可以盡情長大。

←姑婆芋生長在台灣和日本沖繩的亞熱帶森林等地區，是芋頭的一種，也是常見的觀葉植物。葉子大到可以當傘。

所以葉子大的植物其實反而不喜歡晒太陽。

### 向陽處＝小且厚的葉子比較有利

向陽處會有高溫和乾燥的威脅，為了存活下來，葉子必須長得結實。在向陽處能夠晒到充足的陽光，但也有強風吹破葉子的危險，因此長出大量的小葉子會比大葉子有利的多。

枸杞

### 背陰處＝大且薄的葉子比較適合

在森林裡不易乾燥，也不用擔心強風，因此葉子不用長得太健壯，而且為了獲得來自比自己高大的林木間灑下來的陽光，葉子長得大片一點比較有利

日本刺參

大致上來說，向陽處適合「小且厚的葉子」，背陰處是「大且薄的葉子」。

攝影／多田多惠子ⒶⒷ 影像提供／ photolibrary Ⓒ

## 圓齒水青岡的「陽葉」與「陰葉」

直接面對強風日照的樹枝，會長出小且厚的「陽葉」，位在陰暗處的樹枝則會長出大且薄的「陰葉」。

陰葉

陽葉

5cm

因此，即使是同一棵樹，長在向陽處與長在背陰處的葉子也完全不一樣。

反觀某人……

植物雖然不會動也不會說話，但為了存活，比人類想得更周全呢。

為了全力行光合作用，葉子的大小和形狀也會配合環境改變呢。

也有人有腦子卻完全不用。

秋田蕗的葉子底下看起來很舒服……

攝影／多田多惠子ⒹⒺ

35

# 植物吸水的原理

生物的體內絕大部分都是水，水也是生物活著不可或缺的重要元素。植物是如何獲得珍貴的水，又是如何保住它不失去的呢？

## 葉子排水，根部吸水

植物會張開葉子的氣孔（參見24頁），排出變成水蒸氣的水，進行「蒸散」。如右圖所示，植物利用葉子蒸散排水，再從根部吸水。

### ●蒸散作用

從根部吸水，
讓水走遍身體每個角落

Ⓐ

野葛

← 野葛的葉子會在晴天的白天豎起，一般認為這是植物在調節光量、葉子的溫度及蒸散量。

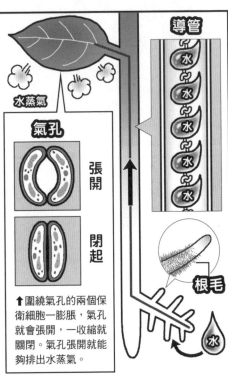

導管

水蒸氣

氣孔

張開

閉起

↑ 圍繞氣孔的兩個保衛細胞一膨脹，氣孔就會張開，一收縮就關閉。氣孔張開就能夠排出水蒸氣。

根毛

水

↑ 在水通過的管道「導管」中，水是以非常小的顆粒狀態，從根部一個接著一個串連延伸到葉子（如右上圖）。透過蒸散，水順著根部末端的細毛（根毛）被往上拉到葉子。

水不斷流失了。

植物張開氣孔排水。

另一方面，植物行光合作用也是張開氣孔吸收二氧化碳。當氣孔一張開，水分就會流失，所以缺水時植物很可能乾枯。

問題是，氣孔如果不打開，就無法行光合作用了。對於這個問題，植物是以左頁的方式來解決。

# 在乾燥環境存活的巧思

生長在沙漠、海邊等乾燥地區的植物，有各種方式避免過度流失水分。

## 儲存水的厚葉

葉子表面覆蓋一層厚厚的「蠟」，防止水分蒸發。

翡翠木 ⑧

水分儲存在厚葉裡，乾燥期就靠著這些儲存的水度過。

## 不是用葉子以莖行光合作用

葉子變成細針，讓動物跟自己保持距離。

仙人掌 ©

水儲存在厚實的莖裡，光合作用也是由莖進行。並且用細針般的葉子保護莖，逼退口渴的動物。

## ●耐旱的海岸植物

濱防風 ⑩

生長在乾燥和鹽分容易造成水分流失的海岸岩石地，利用小且厚的葉子儲存水分。

## 大唐米

生長在乾燥的沙灘，根部可延伸到大約八十公分深的地底吸水上來。

## ●神奇的仙人掌

下圖是莖的橫切面圖。內部就像海綿一樣，下雨時吸收水分膨脹（左），乾季時，用掉儲存的水分就會萎縮（右）。

會變成這麼的瘦喔！

水分充足時 ⬌ 缺水時

## 具有特殊的光合作用構造

牛筋草

夏季炎熱時期也很茂盛是有原因的！

⑥

## ●把二氧化碳濃縮後再吸收

部分牛筋草等禾本科植物具有特殊的光合作用構造，遇到高溫、日晒強烈的時候，能夠只用少量水分行光合作用。

## 白天氣孔不張開

仙人掌、翡翠木要到水分蒸散少的涼爽夜間才會打開氣孔，吸收二氧化碳，白天就以那些二氧化碳當作原料，關閉氣孔，行光合作用。

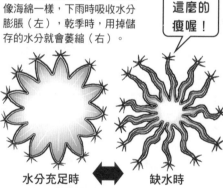

關閉氣孔
行光合作用　仙人掌　吸收二氧化碳

張開氣孔

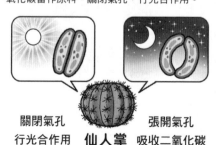

你要確實行光合作用，好好長大喔。

啊，太陽出來了。

葉子的確需要晒太陽，

但晒太多太陽不見得是好事。

什麼意思？

意思是晒太陽也有缺點嗎？

因為陽光中含有有害的光。

紫外線嗎？

因為我媽媽常常很在意。

答對了！

黑斑增多了……

## 眼睛看不到的光「紫外線」

紫外線　可見光　紅外線

太陽送到地球表面的光，包括上圖這三種。我們只能看見「可見光」，看不到「紅外線」、「紫外線」。紫外線深深影響到所有生物。

X晒黑的原因

○幫助人體製造維生素D

↑紫外線同時具有優缺點。最具代表性的缺點就是晒黑；優點則是能夠用來殺菌，以及辨識偽鈔等等。

照到紫外線，不只是人類，連植物體內的DNA也容易遭受破壞。

芽和柔軟的嫩葉尤其不耐紫外線。

別擔心，植物會跟人類一樣戴上「太陽眼鏡」防晒。

植物戴太陽眼鏡？

可是植物無法躲開強烈的日照啊，該怎麼辦？

葉子是紅色的？

那是「花青素」色素的顏色。

初春長出來的光葉石楠的嫩葉就是這樣。

經常當作綠籬的常綠樹，高度約3～5公尺，嫩葉是鮮紅色，因此也稱為紅葉石楠。

---

哦哦。

### 冬季紫外線也能徹底擋下！

光葉薔薇

←氣溫低的時候，紫外線的影響也同樣強烈。因此冬天也會在靠近地面的地方張開葉子的光葉薔薇，葉子就含有花青素，可防止強烈紫外線。

➡花和果實裡也含有花青素。例如：紅色和紫色的果實就含有花青素，一方面也是為了讓動物幫忙搬運種子，所以果實會以醒目的顏色強調成熟。

草莓

藍莓

花青素就像是植物的太陽眼鏡，由葉子製造出來，能夠阻隔紫外線。

---

我用「醫生手提包」幫你們看看。

咳咳！我突然有點不舒服！

我們可能也需要花青素，咳咳！

攝影／多田多惠子ⒶⒸ、大森雄治Ⓑ

40

觸碰一下就能知道是什麼病。

我就知道。

想吃草莓
和藍莓
故意裝病

草莓和藍莓都不是這個季節的水果，所以吃不到啦。

除了花青素之外，植物還有其他色素，也有預防紫外線的作用。

例如類黃酮色素也是一種。

## 阻絕紫外線的色素 類黃酮

這是植物廣泛含有的色素，能夠吸收紫外線，保護DNA。葉子和花瓣在靠近表面附近有類黃酮時，在人類眼中會是白色或淺黃色，不過實際上這種色素無色透明。

### 塔黃

生長在喜馬拉雅山的高海拔地區。莖的上半部白色葉子像溫室一樣覆蓋，這些葉子含類黃酮，能夠保護花和未熟的果實避免紫外線傷害，同時也有保暖效果。

### 珙桐

原產於中國的喬木，看起來像花瓣的部分，是含有類黃酮的兩片白色葉子（苞片）。這些白葉子是為了包覆由眾多雄花和一朵雌花所構成的球形頭狀花序（箭頭處），阻隔紫外線。

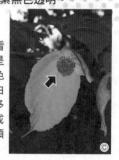

# 保護葉子 對抗紫外線、病原體、寒冷等

葉子行光合作用製造養分，是很重要的器官。葉子會利用穿「毛衣」、塗蠟、捲起等方式，逃離紫外線和寒冷的傷害。

**靠 絨毛 自保**

### 紫外線 寒冷

像穿上毛衣那樣長出銀白色絨毛，保護葉子和花遠離紫外線和寒冷。

深山薄雪草

↑生長在紫外線強烈且嚴寒的高山，整體有白色絨毛覆蓋。↑葉子絨毛摸起來很光滑的觀葉植物。

綿毛水蘇

**靠 紅色色素 自保**

### 紫外線

葉子會趁著年輕時製造紅色色素「花青素」，隔絕紫外線，避免DNA受損。

→紅楠的嫩葉是紅色，老了就會變成綠色。

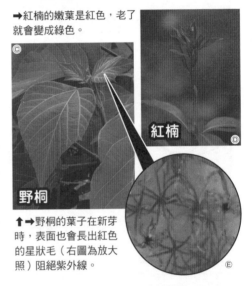
野桐

紅楠

↑→野桐的葉子在新芽時，表面也會長出紅色的星狀毛（右圖為放大照）阻絕紫外線。

**靠蠟自保**

### 乾燥 鹽分 病原體

葉子表面有類似蠟的物質覆蓋，防止水分蒸發、病原體入侵。

海桐

↑生長在海岸岩石地的灌木，葉子表面覆上一層蠟，防止乾燥和病原體，阻絕海風帶來的鹽分吸走葉子的水分。海岸植物多半都有這樣的葉子。

←就像覆蓋了一層蠟，葉子表面很光亮，因此山茶的日文名字「椿」有「葉子光亮的樹」之意。

山茶

攝影／青山富士夫Ⓐ、多田多惠子ⒺⒻ、奧山久Ⓗ、田中肇ⓀⓁ、澤上航一郎（東京大學日光植物園）Ⓜ

## 以蓮座狀葉叢自保

葉子在地面呈放射狀展開的形狀。葉能夠獲得陽光照在地上的熱，即使冬天也能生長。

西洋蒲公英

Ⓗ

←冷風會從上方吹過，方便過冬。一到春天就會迅速長大開花。

→原產於中國的蔬菜，葉子會以蓮座狀過冬。寒冷會使甜度增加。

小白菜

Ⓘ

## 捲起自保

葉子到了冬季會捲成筒狀，比葉子正面脆弱的背面會捲到內側禦寒。

白山石楠花

Ⓙ

↑這是冬季在攝氏零下20度的高山上仍然可以看到的常綠杜鵑，屬常綠灌木。葉子表面有厚厚的蠟保護，進入冬季就會捲起，到了春天會再度展開。

## 用冬芽自保

利用葉子變形成的「芽鱗（鱗葉）」包住芽的部分過冬。

染井吉野櫻

Ⓚ

↑櫻花的冬芽裡有花和葉子的幼芽。

↓像魚鱗般的芽鱗膨脹開來，並冒出小葉子。

Ⓛ

白樺

Ⓜ

↑白樺的冬芽，即使表面覆蓋一層冰，裡面也不會結凍，能夠耐得住攝氏零下70度的低溫。

冬芽能夠耐得住零下數十度的低溫。

零度以下的寒冷低溫是植物的強敵。植物為了避免芽和葉子等部位結凍，想方設法自保。

有些植物會提高葉子的糖分，防止結凍。道理就跟加糖的水不易結冰一樣。

小白菜、菠菜一到冬天，葉子的糖分就會變濃，防止結凍，所以天氣一冷，這些蔬菜就會變甜。

原來植物會用自己的力量保護重要的葉子遠離傷害。

可惜即使這麼用心，葉子的壽命還是有限。

你們看那棵樹的樹根附近。

咦？不是秋天卻有那麼多落葉？

沒想到那棵樹晚了半年多才落葉。

樹木之中也有跟大雄一樣懶惰的。

才不是呢，那棵是樟樹。

跟落葉樹不同，它是一年四季都有葉子的常綠樹。

↑常用來當行道樹的常綠闊葉樹，也是神社常見的神木。

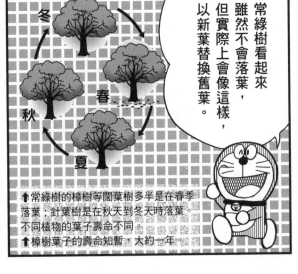

常綠樹看起來雖然不會落葉，但實際上會像這樣，以新葉替換舊葉。

冬

春

秋

夏

↑常綠樹的樟樹等闊葉樹多半是在春季落葉，針葉樹是在秋天到冬天時落葉。不同植物的葉子壽命不同。

↑樟樹葉子的壽命短暫，大約一年。

因為樹枝上的葉子會互相摩擦，或遭受病蟲害入侵而掉落。

※搖晃搖晃

為什麼樟樹葉子的壽命可以維持一年？

像櫻花這類落葉樹，葉子只會維持半年呢。

那我們來比較這兩種葉子吧？

樟樹的落葉，左手的是剛才看到的染井吉野櫻的落葉。

用「時光布」，把葉子恢復成健康的狀態。

※帕沙

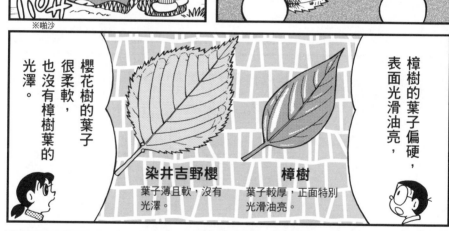

櫻花樹的葉子很柔軟，也沒有樟樹葉的光澤。

樟樹的葉子偏硬，表面光滑油亮，

**染井吉野櫻**
葉子薄且軟，沒有光澤。

**樟樹**
葉子較厚，正面特別光滑油亮。

可是櫻花樹沒有，所以櫻花葉無法像樟樹葉那樣長壽嗎？

樟樹葉較厚，表面像塗了一層蠟，這樣就能防止葉子損傷、水分流失。

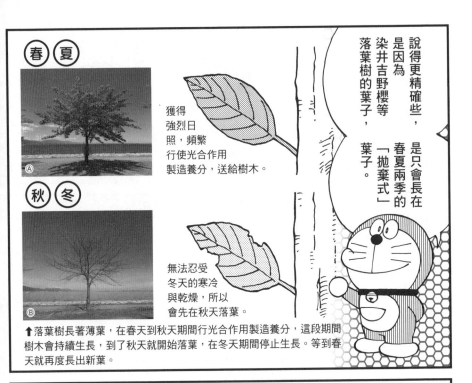

（春）（夏）

獲得
強烈日
照，頻繁
行使光合作用
製造養分，送給樹木。

（秋）（冬）

無法忍受
冬天的寒冷
與乾燥，所以
會先在秋天落葉。

說得更精確些，是因為染井吉野櫻等落葉樹的葉子，是只會長在春夏兩季的「拋棄式」葉子。

↑落葉樹長著薄葉，在春天到秋天期間行光合作用製造養分，這段期間樹木會持續生長，到了秋天就開始落葉，在冬天期間停止生長。等到春天就再度長出新葉。

## 常綠樹葉子的壽命也各有不同

另一方面，像樟樹這類常綠樹，在秋冬也長著健壯的葉子，能夠製造養分。

山茶

在44頁介紹的樟樹葉子壽命約1年，刻脈冬青是2年，山茶是3～4年。針葉樹之中，偃松的葉子壽命約10年。根據紀錄，美國的刺果松葉子壽命居然長達33年！

刻脈冬青

偃松

↑生長在山裡，也能夠種植在一般庭院裡。樹枝在冬天時會垂下紅色的果實。

↑松樹的一種，屬於高山植物。高度約1～2公尺，植株匍匐生長在地面上。

影像提供／PIXTA Ⓐ Ⓑ　攝影／多田多惠子 Ⓒ Ⓓ Ⓔ

落葉樹

海之家

アイス

不在店面和設備上花錢，只在夏天好好賺錢。

常綠樹

レストラン

有模有樣的店面和設備一應俱全，全年營業。

感覺就像是全年營業的餐廳，以及只在夏天營業的海濱小吃店，不是嗎？

※餐廳

落葉樹和常綠樹有各自生存的作戰方式，兩者的差異就顯現在葉子上！

講到海濱小吃店就一定要吃刨冰吧。

亂講，游完泳當然要吃拉麵啊！

哆啦A夢！我們肚子餓了！來吃午餐吧！

意見雖然不同，但是肚子餓時倒是很團結。

※咕嚕嚕嚕嚕

47

# 葉子為什麼會掉落？為什麼會變紅？

秋天看到落葉就會覺得哀傷，但你知道嗎？這一切其實是植物為了生存，自己斷開了葉子。

## 自己斷開葉子

落葉樹只在春天到秋天這段期間有葉子，行光合作用製造養分，這是它們的策略。因此，長出的葉子又薄又軟，用完就丟。到了秋天就會遵照下圖說明的方式，按照計畫讓葉子脫落。

一到秋天，落葉樹就會……

差不多該落葉了。

落葉樹的葉子無法撐過冬天的寒冷與乾燥，所以會自行脫落。

### ①回收葉子內部的「資源」

葉綠素、蛋白質等　分解回收 →

葉子含有綠色的光合色素「葉綠素」、蛋白質等很有用的物質，因此在落葉之前，會將這些成分分解變成氮與礦物質，搬運到樹枝和樹幹。

### ②產生「離層」

植物一方面在進行「資源」回收，一方面為了使葉子安全脫離，也在做其他準備，在葉柄的連接處形成木栓「離層」，替連接葉子和樹枝的導管（參見24頁）蓋上蓋子。

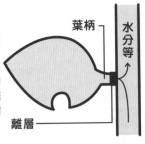

葉柄

水分等 ↑

離層

### ③落葉

離層一旦形成，葉子就會從離層的位置脫落，樹枝上會留下葉子的痕跡（葉痕），就像結痂一樣，這是為了防止病原菌入侵、水分流失。

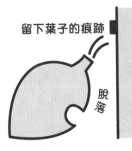

留下葉子的痕跡

脫落

## 落葉之後的「臉」

葉子脫落之後出現在樹枝側面的花紋是維管束（導管與篩管的統稱，參見24頁）的痕跡。看來就像人類或動物的臉，找尋那張臉也是一種樂趣！

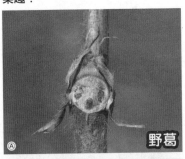

Ⓐ 野葛

Ⓑ 苦楝

## 葉子是這樣變紅的

葉子因為葉綠素的顏色明顯，所以呈現綠色，但是一到秋天，葉綠素被分解，就會失去綠色。有些植物會產生紅色色素「花青素」，阻擋紫外線，同時進行「資源」回收。

從靠近
葉子正面的細胞
開始變紅

首先是葉子正面的細胞產生花青素，遮住強光，協助資源回收和落葉等重大工作。

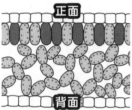

靠近背面的細胞
也變紅，
整片葉子變紅

整片葉子都有花青素的狀態。溫度瞬間變冷，離層在短時間之內產生，葉子就會變成鮮紅色。

## 葉子為什麼會變黃？

有的葉子並不是變紅，而是變黃。不產生花青素的葉子，在綠色的葉綠素被分解之後，讓原本在葉子裡幫助光合作用的黃色色素「類胡蘿蔔素」顯色，所以葉子變成黃色。

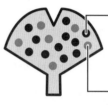

**葉綠素**
←秋天之前是葉綠素的顏色混入類胡蘿蔔素的顏色，葉子看起來是綠色。

**類胡蘿蔔素**

➡葉綠素被分解後，剩下類胡蘿蔔素，葉子看起來就是黃色。

←銀杏的黃葉。其他葉子會變黃的樹還有連香樹和日本辛夷等。

原來葉子變紅也跟花青素有關？

各位已經明白落葉樹是如何有計畫的讓葉子脫落了吧？

從葉子回收的氮和礦物質，是春天重新製造新枝葉的重要原料。

植物回收養分使用，毫不浪費，就算不能移動也能夠在嚴苛的環境下存活。

影像提供／PIXTA Ⓐ　攝影／奧山久ⒷⒸ

# 支撐身體的根與莖的祕密

植物的莖和根負責支撐身體，輸送水與養分。單子葉植物與雙子葉植物在構造和外型上皆不相同。雙子葉植物變成樹而單子葉植物不會變成樹的原因，就是因為這兩者的差異。

**莖** 莖的內部有水和養分的通道成束狀排列，稱為「維管束」。維管束的作用就像是支撐人體的脊椎。

**草** 草本植物的莖比木本植物的細軟，但構造幾乎相同。單子葉植物與雙子葉植物的差異如下圖所示。

**木** 樹幹會一年年變粗的只有具有形成層的雙子葉植物。形成層的內側會變粗硬。

年輪 形成層在溫暖的季節會生長，樹幹中央的細胞死掉後就會變成堅硬的木材。年輪的線條是形成層冬季停止生長所留下的痕跡。

**單子葉植物** **雙子葉植物**

Ⓐ 從根出發的水分通道（導管）

維管束

Ⓑ 從葉子出發的養分通道（篩管）

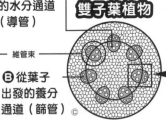

形成層　Ⓑ 篩管

Ⓐ 導管

←雙子葉植物在導管束和篩管束之間有形成層。形成層能夠製造新的細胞，使莖變粗。

↑雙子葉植物莖內的維管束是繞成一圈排列，單子葉植物莖內的維管束則是零散分布。

## 什麼？這是莖？

莖並非全部都是朝著天空伸直的外型。請看看這些地上莖的特殊例子！

仙人掌

### ●莖變厚用來儲水

莖變厚並成為球形，內部用來儲水，光合作用也由莖進行，葉子則變成針狀，保護莖避免被草食動物吃掉。

假葉樹

蟹爪仙人掌

### ●看起來就像葉子！

上圖這兩種植物的莖外型都是扁平的葉子，也會進行光合作用。假葉樹那個像葉子的莖上會開花（箭頭處）。

還有其他會變成尖刺或藤蔓的莖喔！

★裸子植物和蕨類植物，跟屬於被子植物的單子葉植物、雙子葉植物不同，沒有導管只有假導管。
裸子植物有形成層，會長成粗大的樹。

**根** 往地下伸展，支撐植物身體，吸收水分和養分。下圖是根的構造。根尖附近的細胞分裂很旺盛。

**篩管**
把葉子行光合作用製造的養分送到植物身體各部分。

**導管**
把由根部吸收的水分和養分送到植物身體各部分。

**根冠**
覆蓋並保護根尖附近產生新細胞的「生長點」。

**根毛**
根上長出的細毛，每一平方公分範圍內約有上百根。負責吸收水分和養分。

## 雙子葉植物

種子發芽時，一開始會長出一支「主根」。主根長大，朝正下方延伸，接著長出許多支根，稱為「側根」，側根還會繼續分出支根。

側根　主根

## 單子葉植物

種子發芽沒多久，主根就停止生長，莖的底下或地下莖長出大量細根，這些稱為「鬚根」，蕨類植物的根部也是這種類型。

鬚根

# 根沒有長在土裡？

榕樹

一般根部都是在地面下擴張，但氣生根卻是從地上莖延伸。菱葉常春藤的附著根（參見83頁）也是氣生根的一種。

## 氣生根

是指從地面上的樹枝或樹幹長出來的根。包括榕樹在內，經常出現在熱帶、亞熱帶等的潮溼環境。

銀葉樹

**板根** 靠近地面的側根上半部像木板一樣隆起，支撐樹幹。銀葉樹在日本沖繩可看到，在台北典藏植物園內亦可看到。

## 支持根

氣生根的一種，從樹枝或樹幹長出，像章魚腳一樣朝地面斜向伸長，支撐植物。

露兜樹

玉米

↑日本小笠原群島固有的露兜樹，支持根很像章魚。←田裡的玉米也長出支持根。

假如「具有形成層的雙子葉植物才能長成大樹」，那麼單子葉植物照理說應該沒有樹，但屬於單子葉植物的椰子樹和竹子，莖都會變硬，也會長得很高，究竟是怎麼回事？竹子的莖會變粗，可是經過再多年也不會變粗，所以竹子仍然是「草（草本植物）」。

另一方面，椰子樹的莖會變硬也會逐年變粗，因此椰子樹是「木（木本植物）」，也是單子葉植物中的例外。

攝影／奧山久Ｅ　影像提供／福原達人（日本福岡教育大學自然科學教育生物領域）Ｄ、PIXTA ＡＢＣＦ、photolibrary Ｇ、Yamamu Farm（https://ymmfarm.com/）

# 第三章 開花的目的是什麼？

深入了解葉子之後，就更加認識植物了吧？

懂得利用各種「策略」，只為了存活。

植物真聰明呢。

除了葉子之外，植物更厲害的策略是「花」喔。

花？

這附近還沒有開太多花，所以撒這個——

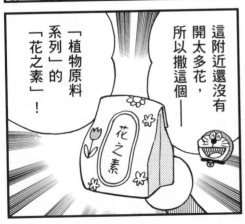

「植物原料系列」的「花之素」！

花之素

撒了就會開出一大片的花，對吧？

大家用「竹蜻蜓」從空中播撒吧。

※撒撒撒

這邊已經撒好了。

我來用「成長促進燈」照一照，加快速度。

ハ゜ラハ゜ラ

哇！好美！

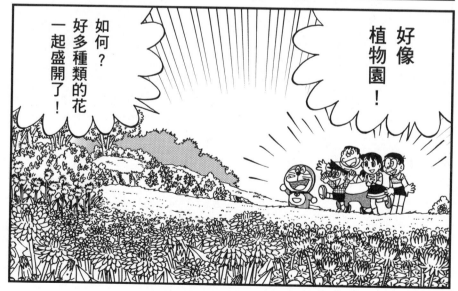

好像植物園！

如何？好多種類的花一起盛開了！

你們看，各種昆蟲為了花過來了。

真的耶。

對了，你說的「花」策略到底是什麼？

已經開始了呀。

什麼？

什麼意思？

在我公布答案之前，你們還記得葉子最重要的工作就是行光合作用吧。

接下來要講花最重要的工作。

我想聽、我想聽！

什麼意思？

# 花的構造與授粉的原理

花的工作是製造種子。為了製造種子，花的構造集合了所有必要元素。

## 被子植物的花的構造

花的構造形形色色，不過有雄蕊和雌蕊是最基本的類型。

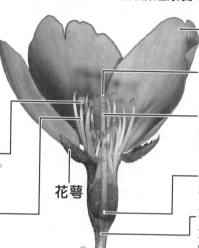
Ⓐ

**花瓣**

**雄蕊**
製造並儲存花粉的地方。

**花絲**
支撐花藥的絲狀構造。

花藥

**花萼**

**柱頭**
接受花粉的地方。

**花柱**
連接柱頭和子房的構造。

**子房**
培育種子的部分。

**花托**
支撐花瓣、雄蕊、雌蕊的地基結構。

雌蕊

## 從授粉到種子形成的過程

花粉沾在柱頭上，稱為「授粉」。授粉之後就會像下圖這樣，產生種子。

Ⓑ
↑多半是昆蟲或風送來花粉，幫助授粉。

❶
花粉
柱頭
子房

↑昆蟲或風帶來的花粉沾在雌蕊的柱頭上（授粉）。

❷
精細胞
花粉管
胚珠

↑花粉管從花粉延伸而出，精細胞在花粉管內移動。

❸
卵細胞

↑花粉管抵達胚珠，精細胞與卵細胞合體（受精）。

❹
果實
種子

↑受精後，子房長成果實，子房內的胚珠發育成種子。

## 花的構造種類眾多

有些花的構造很複雜，有些則缺東缺西。

草莓
大量的雌蕊
Ⓒ

睫穗蓼
Ⓓ

### 有些花有很多雌蕊

一朵花不只有一根雌蕊，也有些花有很多雌蕊，就會結出許多的果實。

### 有的花只有花萼

睫穗蓼等蓼科的花沒有花瓣，只有五片看起來像花瓣的花萼。

攝影／田中肇Ⓐ、多田多惠子ⒷⒸⒹ

換句話說，雄蕊的花粉沾在雌蕊上，就會產生種子嗎？

可是植物不會動，所以花粉是請外力送來的。

送……

這時候就輪到昆蟲登場了。

昆蟲會願意送嗎？

你說到了重點。

請人幫忙要給一些回饋吧？

所以植物會準備「謝禮」給昆蟲。

〈花粉〉為了增加後代而生產，含有蛋白質等對昆蟲來說很重要的養分。

〈花蜜〉主要是由植物的花製造的甜液，內含光合作用產生的糖等碳水化合物。

昆蟲最愛的就是花粉和花蜜了。

前面我舉過海濱小吃店的例子。

花和昆蟲的關係，就類似餐廳與顧客。

花＝餐廳
提供餐點
（＝花粉或花蜜）

昆蟲＝顧客
付錢＝運送花粉

紫雲英

蜜蜂

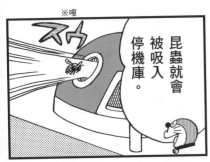
※噌

正好有蜜蜂靠近。

快按下登機口的按鈕。

好。

昆蟲就會被吸入停機庫。

從登機口進入停機庫時,

※咻啵

※喀嚓

身體會縮小,就能夠騎在昆蟲背上。

接著立刻裝上「操蟲桿」。

哇!起飛了!

※嗡

把「操蟲桿」當作方向盤,就可以操縱昆蟲嘍。

接著是我。

我先!

# 靠風力運送花粉的花

也有些花不是利用昆蟲，而是靠風力吹送花粉、接受飛來的花粉授粉，稱為「風媒花」。

## 風媒花的特徵

不需要吸引昆蟲注意，因此沒有花俏的外觀、沒有香氣，也沒有花蜜。但是靠風力傳送的準確率很低，所以會製造大量花粉散播出去。

Ⓐ

### 花很樸素

玉米有雄花和雌花，雄花位在比較高的位置散播花粉，雌花位在比較低的位置承接花粉。

玉米的花

Ⓑ

### 花粉很多

旅順櫨木的雄花在風中輕輕的搖曳，撒出大量花粉。會造成花粉症的大多都是風媒花。

旅順櫨木

## 風媒花的策略

賦予雄蕊容易散播花粉的機制，而雌蕊則有方便接收飛來花粉的構造。

### 詹森草的策略

雄蕊隨風搖曳，散播花粉，長有細毛的刷子狀雌蕊則負責接住花粉。

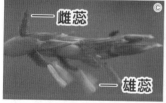
— 雌蕊
— 雄蕊
Ⓒ

← 雄蕊的花絲（絲狀構造）很細，長在花絲頂端的花藥（花粉囊）搖晃散播花粉。

Ⓓ

### 花點草的策略

雄蕊（箭頭處）像彈簧一樣反彈，把花粉彈飛出去。花粉非常小，就算沒有風也能夠在空中長時間飄浮，到達開在葉子底下的雌花。

### 車前草的策略

花一開，就會伸出頂端的雌蕊，接受其他車前草的花粉。雌蕊萎縮之後，換雄蕊出頭，隨風搖曳散播花粉。雌蕊和雄蕊的成熟期錯開，可避免授粉時接收到自己的花粉。

Ⓔ

← 數條開著許多小花的穗狀花序。

雌蕊的
柱頭
雄蕊的
花藥
Ⓕ

## 那個「鬍鬚」是雌蕊！

Ⓖ

玉米鬚的「鬚」是雌花的雌蕊，為了接收花粉而伸長。每一顆粒（果實）都有一根鬚。

攝影／奧山久Ⓐ、多田多惠子ⒷⒸⒼ、田中肇ⒹⒻ照片提供／photolibrary Ⓔ

大家都騎上昆蟲了嗎？

接下來我們要去賞花嘍！

Ｏ——Ｋ！

我騎的是虎熊蜂。

〈虎熊蜂〉
體長約 18～25 毫米。以細長的口器吸食花蜜，採集花粉。全身有毛覆蓋。

〈黃鳳蝶〉
前翅長度約 4～6 公分。翅膀顏色比柑橘鳳蝶更黃，所以據此區分兩者。幼蟲吃水芹等的葉子。在都會區也能看到牠的蹤影。

我的是黃鳳蝶。

我騎的是小青花金龜。

〈小青花金龜〉
花金龜的一種，體長約 11～16 毫米，在平地也能看到，成蟲吸食花蜜。

我的是黑翅蕈蚋……

大雄你笑什麼笑！

クス
クス

〈黑翅蕈蚋〉
體長約 1～2 毫米的蠅蚋類昆蟲。

※竊笑

60

要抓牢「操蟲桿」，以免被甩出去，

接著就順著昆蟲行動了。

好！聽起來不難！

牠準備降落在這朵花上嗎？

啊，小夫也是。

這是小薊吧。

這類向上開或盤形的花降落容易，能夠輕鬆採集花粉與花蜜，所以會吸引許多昆蟲聚集。

以餐廳來打比方，就是人人都能上門光顧的「大眾餐廳」。

※噗、著陸

抵達小薊！

嗯？這些白色粉末是什麼？

有點黏黏的。

※動來動去

那些是花粉。

仔細一看才發現我也沾了一身粉。

花金龜吃花粉，蜜蜂吸花蜜，

昆蟲的身上也會沾到花粉。

這樣一來不只是你，

真的呢！

可是，為什麼採蜜會沾到花粉呢？

花希望昆蟲幫忙搬運花粉，所以把花蜜放在深處，

## 小薊的花，噴出花粉！

湧出　湧出

碰到頂端

讓昆蟲的身體碰到雄蕊才能採到花蜜。

↑小薊的花是由許多細筒狀構成，昆蟲想要吸取在基部的花蜜就會碰到花，此時花粉就會從筒頂湧出，附著在昆蟲身上。

※嗡嗡嗡

※嗡

結束。

多謝招待。

※著陸

又來？

因為從一朵花得到的花粉和花蜜很少，所以牠們會光顧很多朵花。

哇啊！為什麼採了又採、採個不停？

不過，這是花最樂見的情況。

昆蟲從其他花朵帶來花粉，能夠幫助花受精。

授粉

雄蕊與花粉

花A

花B

雌蕊

↑昆蟲接二連三降落在不同朵的同種花上，就能夠幫助花授粉，製造種子。

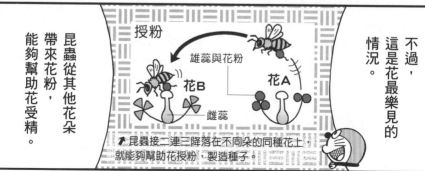

# 獲得其他植株的花粉！授粉的各種方式

花粉來自同種類不同株的花，稱為「異花授粉」；花粉來自同一植株的花，稱為「自花授粉」。接下來介紹異花授粉的優點與花的策略。

## 異花授粉的優點？

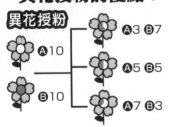

異花授粉

Ⓐ10
Ⓑ10

Ⓐ3 Ⓑ7
Ⓐ5 Ⓑ5
Ⓐ7 Ⓑ3

繼承親代的特性，誕生出各式各樣特性的子代，因此就算環境變遷或傳染病流行，也較容易存活下來。

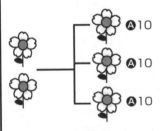

Ⓐ10
Ⓐ10
Ⓐ10

在同一植株內反覆授粉，只會得到與親代同樣特性的子代，遇到環境變遷或傳染病爆發時，就有滅絕的風險。

## 雄花與雌花分開

一朵花同時有雄蕊和雌蕊者，稱為「兩性花」。打造只有雄蕊的「雄花」和只有雌蕊的「雌花」的單性花，就能夠避免同花自花授粉。

雄花與雌花開在不同植株上

東瀛珊瑚

雄花 Ⓐ 　雌花 Ⓑ

雄花與雌花分別開在「雄性株」與「雌性株」上，就能夠確保是異花授粉。除了東瀛珊瑚之外，銀杏、蘇鐵、柳屬植物、菠菜、蘆筍等也屬於此類型。

雄花與雌花開在同一植株上

苦瓜

雄花　　　　　　雌花

同一植株上開著雄花與雌花，因此會發生自花授粉。苦瓜、南瓜等瓜科及殼斗科、玉米、五葉木等都是如此。

## 花的構造有兩種類型

根據雄蕊和雌蕊的長度不同，分為兩種類型，藉此提高接受異株花粉的授粉機率。得到同類花的花粉將無法結果。

### 報春花

分為雄蕊長、雌蕊短的花型，以及雄蕊短、雌蕊長的花型這兩類。同類花的花粉無法受精，也無法結果。Ⓒ

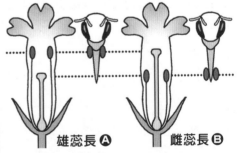

雄蕊長 Ⓐ　　　　雌蕊長 Ⓑ

↑報春花的兩種類型花與熊蜂。熊蜂沾到Ⓐ的花粉，去Ⓑ吸花蜜，花粉就容易沾到柱頭上。另一方面，Ⓐ容易得到Ⓑ花粉的授粉。

## 不得已時採用自花授粉

問題是異花授粉存在著風險，萬一授粉失敗，就無法留下種子。因此壽命比較短暫的草類之中，有些會採用自花授粉方式留下後代。

### 鴨跖草

一年生草本植物，早上開花，中午就凋謝。昆蟲在這段期間造訪的話，就能夠進行異花授粉。

Ⓔ

➡靠近中午時，雌蕊和雄蕊就會纏在一起，以同一朵花的花粉進行自花授粉。
Ⓕ

## 用自己的花粉無法受精

有些花能夠區分花粉是否來自於自己的同株，就算在柱頭沾上了自己的花粉，也不會伸出花粉管（參見55頁）來受精（稱為植物自交不親合）。

花粉

這是我們自己的花粉吧，出局！

### 大油菜

➡梅等果樹也是，與其他品種的植株種植在一起，果實才會長得好。
Ⓓ

## 雌蕊和雄蕊「錯開」成熟期

也有些花在一朵花之中，雌蕊與雄蕊的成熟期會錯開，避免自家授粉。

**第一天** 雌蕊
花剛開的時候，柱頭會折，由雌蕊接收花粉（雌花期）。

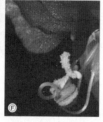

雄蕊
位在雌蕊下方，還不會產生花粉，待機中。

日本厚朴
Ⓖ

**第二天** 雌蕊
柱頭靠近花序軸，不再接受花粉。

雄蕊
斜向張開，釋放大量花粉（雄花期）。

植物只要符合「有雄株與雌株」、「花的構造有兩種類型」、「自己的花粉不會受精」這三項，一定就能夠異花授粉。

但是即使是「雄花和雌花都在同一株」、「雌蕊和雄蕊成熟期錯開」這兩種類型，也無法完全避免自花授粉。不過還是比同時有雄蕊和雌蕊的一般花，更容易異花授粉。

意思是鴨跖草無論如何都要授粉成功啊！

 攝影／滿田聰Ⓒ、奧山久ⒹⒽ、多田多惠子ⒺⒻ　照片提供／photolibrary ⒶⒷⒼ

啊！是靜香的黃鳳蝶。

牠在吸檸檬色百合的花蜜。

這隻蝴蝶有很方便的口器呢。

蝴蝶類都有很像吸管的口器。

吸蜜的時候　　不吸的時候

→長口器平常是捲起，吸花蜜的時候才會伸直。順便補充一點，長得像一根吸管的口器長在十分窄小的左右下頜處。

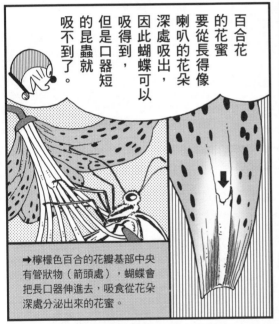

百合花的花蜜要從長得像喇叭的花朵深處吸出，因此蝴蝶可以吸得到，但是口器短的昆蟲就吸不到了。

→檸檬色百合的花瓣基部中央有管狀物（箭頭處），蝴蝶會把長口器伸進去，吸食從花朵深處分泌出來的花蜜。

而且檸檬色百合的紅色，在鳳蝶看來像自己的同類。

→正在吸食石蒜花蜜的黃鳳蝶。紅色是大多數昆蟲看不見的顏色，不過鳳蝶科的蝴蝶對於紅色十分敏感。

攝影／植松國雄

66

那檸檬色百合就只有特定昆蟲會上門嘍？不像小薊有很多昆蟲光顧。

感謝您經常惠顧。

沒錯，如果小薊是「大眾餐廳」，檸檬色百合就是「會員制餐廳」。

咦？又往其他花靠近了。

※嗡

那是大花安息香，也是屬於「會員制餐廳」。

※嗡、抓住

這種花朝下的，要怎麼吸花蜜？

你等著看。

※嗡嗡

花蜂類很厲害吧。

要掉下去了！

哇，這是怎樣？

花蜂類能夠鑽進、爬進花裡，運動神經超群，跟大雄就是不一樣。

野鳳仙花

紫斑風鈴草

要你管！

所以希望花蜂類幫忙運送花粉的花，就會向下開、向側面開，又或是構造複雜。

花蜂類的習性是光顧同樣的花，對花來說是很好的客人。

〈向下〉
吊鐘花
春天時會綻放長度約5毫米的吊鐘型白花，吸引花蜂類上門。

Ⓐ

〈向側面〉
海仙花
特徵是長度約3公分的花，顏色會從白色變成深粉紅色。

Ⓑ

換言之就是「花蜂類專屬餐廳」對吧。

光是「大眾餐廳型」、「會員制餐廳型」也有很多種類型。

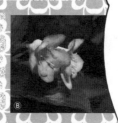

攝影／奧山久Ⓐ、多田多惠子Ⓑ

# 花根據「外形」和「顏色」挑選昆蟲

**你以為是花在配合昆蟲的喜好，實際上是花挑選昆蟲運送花粉？**

## 大眾餐廳型

以明亮的色彩吸引目光，再以攤平的形狀向上綻放，所以任何昆蟲都會停留，能夠輕易取得花蜜和花粉。

顧客➡除了食蚜蠅之外，還包括蠅蚋類、小型蜂類和蝴蝶、金龜子等

### ●外形➡向上的盤形

← 小黃花叢（花序）向上綻放，昆蟲等媒介很容易得到花蜜和花粉。照片中是紅灰蝶來訪。

蒲公英 Ⓐ

➡中間是黃色，外圍有白色小花叢聚。盤形花就算是照片中笨手笨腳的小青花金龜也能夠順利降落。

薄葉艾納香 Ⓑ

### ●顏色➡主要是白或黃等明亮色彩

牻牛兒苗 Ⓒ

↑淺碗型的白花。照片中是黑帶食蚜蠅來訪。➡小白花叢（花序）構成類似停機坪的形狀。照片是食蚜蠅、蠅蚋類等聚集。

白山防風 Ⓓ

## 會員制餐廳型

花蜜和花粉會藏起來，或花型構造複雜只招待部分身體構造特殊或技能超群的昆蟲。花是紫色或紅色等。

顧客➡花蜂類（蜜蜂、熊蜂、絨木蜂）、蝴蝶

### ●有特殊機關的花

紫雲英等豆科植物的花，推開下面的花瓣打開花，就會露出花蜜和花粉。只有花蜂類昆蟲知道怎麼打開。

紫雲英 Ⓔ

唐玉簪 Ⓕ

### ●需要鑽進去的花

花向下開，花蜜在細窄的花深處，但是運動神經好的花蜂類能夠鑽進去享用。

### ●細筒狀的花

擁有吸管狀口器的蝴蝶，能夠吸到累積在細筒狀花深處的花蜜。熊蜂的口器也很長，所以能夠吃到花蜜。

捕蟲瞿麥 Ⓖ

攝影／多田多惠子ⒶⒷⒹⒻ、田中肇ⒸⒼ、北村治Ⓔ

# 花的特殊訪客們

即使是在非蝶類、蜂類活動的季節或時段，還是會有各式各樣的昆蟲或動物靠近尚未有蝶類、蜂類造訪的花，協助授粉。

## 夜間開花有天蛾

夜間盛開的花朵有更好聞的香氣，會吸引夜行性的蛾類天蛾科來訪。黃色（黃花月見草）、白色（王瓜）等，是在黑夜中很顯眼的顏色。

黃花月見草

王瓜

←↑為了讓昆蟲在黑暗中能遠遠就能看到，夜間開花的花會散發好聞氣味。照片中這兩種花都需要配合天蛾科昆蟲的長口器，因為花蜜存放在細長筒狀（箭頭處）構造的深處。

## 還有毫米尺寸的昆蟲們！

小花授粉的過程，也有符合小花尺寸的小昆蟲們摻一腳。

### 薊馬

體長約1毫米的細長身型昆蟲（下方照片箭頭處）。吸取各類植物的葉子、花、果實等的汁液維生，因此被視為農業害蟲。

### 及己

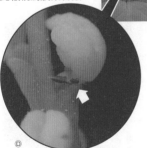

↑白色部分是互相交纏的雄蕊。薊馬會鑽進這個裡面，身上沾滿花粉再送到其他的花。

### 黑翅蕈蚋

體長不滿5毫米的小型蚊蚋類昆蟲，幼蟲吃蕈菇長大。負責吸食小喷呐草的花蜜、運送花粉的就是這些昆蟲。也參與細齒天南星的授粉（參見74頁）。

### 小喷呐草

→花瓣像針一樣的細長分岔，方便黑翅蕈蚋掛在上面吸食花蜜。

↑花的大小約為5毫米。

攝影／田中肇Ⓐ、恒吉正伸Ⓑ、多田多惠子ⒸⒹⒺⒼ⒧、奧山雄大Ⓕ

## 還有由鳥傳送花粉的花

有些花是由鳥類傳送花粉。在日本，昆蟲少活動的冬季到春初期間，山茶花就會以吸引鳥類目光的紅色與大量花蜜，招來棕耳鵯與綠繡眼。

↑吸山茶花蜜的棕耳鵯。山茶的花瓣厚實牢固，足以承受鳥的體重。
➡花瓣上的鳥腳印（箭頭處）是綠繡眼來造訪過的證明。

↑棲息在南北美洲大陸的小型鳥「蜂鳥」。能夠高速拍打翅膀，停滯在空中，並以細長喙伸進花裡吸食花蜜。

## 蝙蝠也會傳送花粉

在熱帶、亞熱帶地區，有些蝙蝠是靠花蜜和果實維生。在世界各地也有讓夜行性的蝙蝠協助傳送花粉的花。

←埋首鑽進仙人掌花裡舔食花蜜的美國南方長鼻蝠。

←硬是撬開豆科植物「血藤」的花舔食花蜜的沖繩折居氏狐蝠。

除此之外，還有些花是由猴子、壁虎傳送花粉。

最有趣的是，生長在日本沖繩縣大東群島岩石地上的心葉寄居蟹，當地寄居蟹會撈取飲用這種小型草的花蜜，並且讓小螯鉗沾上花粉幫忙傳送（下方照片）。

原來不是只有蜂類、蝶類會傳送花粉。

 照片提供／photolibrary ①・新潟大學佐渡自然共生科學中心Ⓗ　攝影／大澤夕志ⒿⓀ

這就是「花的策略」！

沒錯！

兩種餐廳都有很多種花，

而且運送花粉的昆蟲和動物種類也很多。

為了讓外力幫忙運送自己的花粉，要開什麼樣的花、吸引什麼樣的昆蟲或動物上門，每種植物都有自己的理想選擇！

真了不起！

哆啦A夢，其他還有什麼類型的花餐廳呢？

唔，這個很難開口……

就是「黑心餐廳」。

它們會把昆蟲騙過來，只讓牠們運送花粉……

※嗡、搖晃搖晃

啊！

我都忘了！

胖虎騎的是黑翅蕈蚋，對吧？

必須在他出事之前找到他。

什麼意思？

我們去那邊找。

救命啊！

是胖虎的聲音！

果然被「細齒天南星」抓住了。

73

**細齒天南星**

變形成圓筒狀的佛焰苞片包覆小花叢（參見76頁），雄花和雌花分別長在不同植株上。植株高約50公分，豎立在中央的柱狀部分會釋放特殊的氣味，吸引蚊蚋靠近。

授粉成功的雌株，圓筒狀部分在秋天會脫落，外形類似玉米的果實會成熟轉紅。包括果實在內，植株整體都有毒，必須小心。

這也是花？看起來好可怕……

胖虎騎的黑翅蕈蚋八成是被它的氣味吸引，才會跑進去。

快來人啊！

花裡面是什麼狀況？

這個道具正好派上用場。

「透視眼鏡」。

用這個眼鏡就可以穿透外層，看到內部情況。

※盯

來看看胖虎在哪裡？

照片提供／photolibrary Ⓐ 攝影／多田多惠子Ⓑ

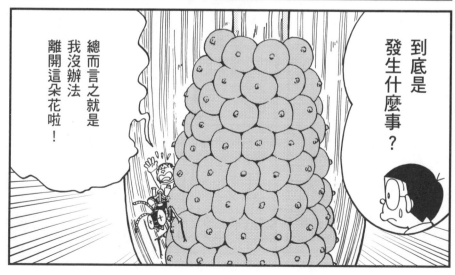

## 細齒天南星的陷阱

細齒天南星的授粉方式如右圖所示。

①受到氣味吸引的蚊蚋類靠近雄花。②蚊蚋類碰到雄花的花序，沾上花粉。③蚊蚋類從佛焰苞基部的出口離開。④沾上花粉的蚊蚋類來到雌花。⑤碰到雌花的花序授粉。雌花的佛焰苞構造沒有出口，於是蚊蚋類就出不去了。

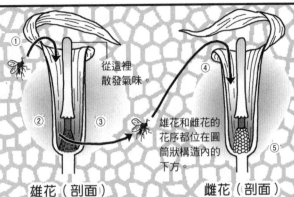

從這裡散發氣味。

雄花和雌花的花序都位在圓筒狀構造內的下方。

雄花（剖面） 雌花（剖面）

←剖開雌花的佛焰苞構造一瞧，就會發現許多蚊蚋類的屍體。

利用犧牲黑翅蕈蚋的方法。

因為細齒天南星就是這樣授粉的，

※貼上

快點出來！

謝了！

總之，就用「穿透環」。

細齒天南星真是可惡！

胖虎也不遑多讓啊。

大雄的漫畫書就是我的，我的漫畫書還是我的。

攝影／多田多惠子

76

# 把蟲騙進來！心機很重的花

這種「黑心餐廳」指的是不提供花蜜等「餐點」，只讓「顧客」昆蟲運送自己的花粉的花。今天應該也有昆蟲在某處，被黑心花的「氣味」、「外表」欺騙了吧。

## 吸引蚊蚋上門後監禁

跟細齒天南星一樣，會散發蚊蚋喜歡的氣味吸引牠們靠近，讓牠們沾上花粉協助授粉的綁架犯！

**馬兜鈴**

↑ 喇叭形狀的花，有細管連接入口和球形房間（右邊上下圖都是其剖面圖）。蚊蚋類一旦受到氣味吸引進入房間……

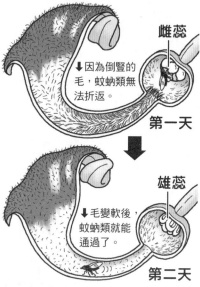

雌蕊

↓ 因為倒豎的毛，蚊蚋類無法折返。

**第一天**

雄蕊

↓ 毛變軟後，蚊蚋類就能通過了。

**第二天**

← 管內長著倒豎的毛，會把蚊蚋類監禁在其中。房間裡有雌蕊，蚊蚋類如果沾到其他的花粉，花就會授粉。第二天，雌蕊就會枯萎，成熟的雄蕊讓蚊蚋類沾上花粉，同時管內的毛變軟，使蚊蚋類得以離開，接著再度受到其他花的吸引，協助授粉。

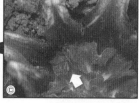

## 蜘蛛抱蛋

用氣味把黑翅蕈蚋（參見70頁）騙過來，讓牠協助運送花粉與授粉。右圖箭頭處是身上沾著花粉的黑翅蕈蚋。花貼近地面，擬態※成蕈菇。

## 用彈簧機關強行沾上花粉的花

不產花蜜，卻會利用香甜的氣味吸引蜂類停在花上，並彈出雄蕊捲上蜂類身體，把花粉沾在牠背上，強行推銷花粉！

→雌蕊也跟著雄蕊一起彈出觸碰蜂類的背部，所以只要蜂類身上有其他金雀花的花粉，就能授粉成功。

**金雀花** ⓓ

捲起

ⓔ

攝影／多田多惠子Ⓐ、田中肇ⒷⒸⒹⒺ　　　※擬態：生物具有跟其他生物相似的外形或顏色，用以混淆視聽的現象。

78

## 發現偷蜜賊！

昆蟲和動物當然也不會老是傻傻的被騙！牠們當中也有不幫忙運送花粉，只會偷吃花蜜，企圖「吃霸王餐」的傢伙。

絨木蜂

↑在花的基部打洞偷花蜜。

麻雀

↑麻雀也是咬破花的基部吸花蜜，因此不會運送花粉。

看起來超像昆蟲的！

## 假扮雌蜂吸引

蘭科植物之中，有些會利用外形或氣味類似雌蜂的花，吸引雄蜂靠近，再讓抱上來的雄蜂沾附花粉或協助授粉。這個在人類社會來說就是騙婚！

鐵錘蘭

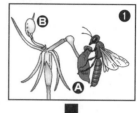

澳洲的蘭科植物。花的部分構造形狀和氣味類似某種雌蜂。

①花的局部構造Ⓐ長得像雌蜂，雄蜂會想要抱著飛走。

②這時候，Ⓐ會反彈莖幹，順勢讓雄蜂的背部撞上Ⓑ。Ⓑ上有雄蕊和雌蕊，花粉塊因而沾在雄蜂上就能夠協助授粉。

※轉！

蜂蘭

←生長在地中海沿岸的一種蘭科植物，花形類似絨木蜂，也有類似雌蜂的費洛蒙氣味，能夠吸引雄蜂與之交配，協助運送花粉。

話說回來，蜂蘭到底是如何形成如此神似蜂類的構造呢？

事實上在很久很久以前，有些蜂蘭只有一點點像蜂類，有些完全不像。有一點點像的蜂蘭獲得比較多的蜂類造訪，也有比較高的機率授粉成功，因此能夠留下較多後代。

這種情況經年累月下來，就演化出現在這種神似蜂類的蜂蘭了。

# 第四章 植物的生存大作戰

静香。

我懂大雄的心情。

因為我沒想到它會長出這麼可愛的星形花！

大雄說的話也有道理。

蘿藦如大家看到的，跟牽牛花同樣是「藤本植物」，生長速度很快。

➡生長在日照良好的草原或路旁。對生的葉子長約5～10公分（參見31頁）。八月左右就會開出直徑約1公分的花。

⬅攀附其他植物延伸，可以長到約一個人高。秋天結果後，長毛的種子會隨風飛遠（參見第8頁），地下莖也會增加（參見104頁）。

攝影／多田多惠子Ⓐ Ⓑ

# 捲一捲！抓一抓！藤本植物

藤本植物會伸長，把自己固定在其他植物上。固定方式有很多種，有的用莖纏繞，有些則利用卷鬚、吸盤、氣生根、鉤刺等攀爬。

## 纏繞莖或葉柄

纏繞其他植物或支柱伸長。從上方往下看，植株的蔓莖是順時針方向纏繞者，稱為右旋。

牽牛花

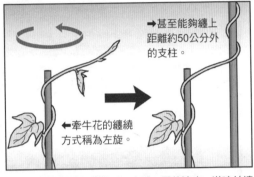

→甚至能夠纏上距離約50公分外的支柱。

←牽牛花的纏繞方式稱為左旋。

↑牽牛花的蔓莖前端是以一小時一圈的速度，逆時針纏繞（左圖），蔓莖前端一碰到支柱等可攀附物就會纏上去（右圖）。蔓莖上有倒豎的細毛，能夠在纏繞時發揮止滑效果。

## 利用藤本植物替夏天降溫

茂盛的藤本植物能夠有效阻隔陽光，防止建築物溫度過高等。

綠簾

←主要在夏季期間，讓藤本植物像窗簾般垂掛，遮蓋窗戶。

牆面綠化

↑比綠簾的規模更大，一年四季以綠色植物覆蓋建築物整體，就是牆面綠化，又稱為植生牆。

## 利用卷鬚依附

絲瓜

卷鬚在捲上後會扭轉蜷曲，變成彈簧的形狀，能夠跟彈簧一樣伸縮，所以遇到強風吹拂也不怕扯斷。

←絲瓜等瓜科的卷鬚是由葉子變形而來。卷鬚也會行纏繞運動旋轉，一碰到支柱等可攀附物就會纏上去。

虎葛

→虎葛的卷鬚是由莖變形而來的。它們不會纏繞自己的同伴，而是會挑選纏繞對象。

攝影／奧山久ⒶⒷⒿ、多田多惠子ⒻⒼⒽ

## 利用根或吸盤攀附

菱葉常春藤會伸出附著根，地錦會使用卷鬚前端的吸盤，攀附在樹幹或牆面，伸長蔓莖爬高。

菱葉常春藤　附著根

地錦

←從莖生長出來的卷鬚，前端的圓形吸盤產生黏液，就能夠貼在牆面等。地錦的生長速度快，經常用來覆蓋整面牆壁，打造植生牆，用來綠化牆面。

←莖會長出附著根，貼在樹幹或牆面上。附著根屬於氣生根（參見51頁）的一種，會產生黏液幫助黏貼附著。

吸盤

## 利用鉤刺掛上去

莖或葉柄有倒豎的刺或鉤，蔓莖會利用這些靠近其他植物並往上攀爬。

扛板歸

嘴葉鉤藤

←如同名稱所示，由莖變形來的鉤刺長在莖節上，植株可利用鉤刺爬上高度30公尺的樹頂。

←莖和葉的背面或葉柄上有尖銳的倒刺。葉子是三角形，繞著莖的圓形部分（箭頭處）是托葉（參見30頁）。

利用鉤刺攀高，簡直就像是忍者！

藤本植物無法自行呈現直立狀態，原本用來製造粗莖的養分，就被用來伸長莖，增加葉子，所以一般來說生長速度很快。藤本植物就是以這種方式覆蓋住其他植物，遮住陽光，甚至讓被依附的植物枯死。

但是，對爬樹型的藤本植物來說，如果樹枯死，反而會對自己造成困擾，所以多半會讓被依附者維持最低限度的生長。

影像提供／上柚木公園指定管理者（公益財團法人）八王子市學園都市文化 FUREAI 財團Ⓒ、札幌市綠之花園畫實施範例Ⓓ、大島造園土木（股）公司Ⓔ、PIXTAⒾ、東邦大學藥學系附設藥用植物園Ⓚ

原來如此，這類草叢對藤本植物來說最有利吧。

這是跟其他植物搶陽光搶贏了吧。

可是就算搶贏了，還得對抗吃葉子的蟲類。

對抗？怎麼做？

植物無法逃開那類敵人，所以做了許多生存準備。

好痛！

這個植物是怎樣？會刺人。

枳殼也是如此。

利用葉子變成的刺自保。

→枳殼是柑橘的一種，屬於灌木植物，樹枝有刺，因此也常用來當作綠籬。

看樣子凶狠殘暴的敵人也會因此退縮呢。

誰凶狠殘暴！

攝影／奧山久

84

# 用武器保護自己的植物

有些植物會製造刺、毛、黏液等,避免敵人吃掉自己。

## 對抗草食動物求自保

### 纖維太硬不好吃

芒

←芒等禾本科植物,從土壤吸收也用來製造玻璃的原矽酸,把莖葉變硬,防止被吃掉。

➡放大觀察芒的葉緣就會發現,類似玻璃般透明的鋸齒排列。這也是來自原矽酸,碰到會割手。

### 鋸齒葉緣很銳利

齒葉木犀

←葉緣的鋸齒(參見30頁)尖端像利刺,因此也常用來當作綠籬植物。

### 莖葉有刺

←深裂的葉子及花的總苞都具有尖刺,手碰到容易被刺傷。

翼薊

蕁麻

➡在莖葉的表面有細刺,內含化學物質草酸及酒石酸,碰到就會紅腫刺痛。

## 對抗昆蟲求自保

### 利用黏液阻止前進

↓花的總苞片外側會分泌黏液,阻止打算傷害自己的昆蟲行動。下方照片中的蚜蟲就是動彈不得變成蟲乾了。

小薊

### 用毛阻擋

構樹

➡細毛對阻止小型昆蟲也有效。右邊照片是被硬毛刺中而死去的草蛉。

有許多種植物都像枳殼一樣有「武器」呢。

攝影/奧山久ⒶⒸ、多田多惠子ⒷⒼ 影像提供/福原達人(福岡教育大學自然科學教育生物領域)ⒹⒻ、PIXTA Ⓔ

植物當然還有其他各種「武器」。

我們用「動物模仿帽」找出來吧。

你為什麼要假裝狸貓？

才不是狸貓，這是狐狸！

戴上狐狸帽，嗅覺就會變靈敏！

嗅嗅……那邊有味道。

找到了！

難道「氣味」也是植物的武器？

對人類來說是好味道，但是對草食性動物、昆蟲、微生物來說，這種味道會讓牠們卻步、不想吃。

我知道這是薄荷。

有清爽的氣味呢。

**薰衣草** Ⓐ

↑乾燥的紫花有很好聞的香氣，因此也用在增添料理風味、香草茶、乾燥花或香氛包等。
→跟薰衣草同樣是原產於地中海、介於草本與木本之間的植物。葉子乾燥後常用於肉類料理或香草茶。

藥用鼠尾草

像薄荷這種氣味好聞、對生活有幫助的植物，統稱為香草。

Ⓑ

**羅漢柏**
很有名的建材，從鋸屑等萃取出的氣味成分具有抗菌作用，常用於化妝品、潔牙粉、防晒產品等。

**樟樹**
能夠從枝葉製造出樟腦（右邊照片）。這個成分除了用於除蟲劑之外，也用於緩和疼痛的藥品。

Ⓒ

附帶一提，不只是草，連樹也會散發出草食性動物、昆蟲及微生物討厭的氣味。

!?真假

有喔。

蘿藦沒有刺，看起來似乎沒有武器。

攝影／齊藤豪志Ⓐ　影像提供／photolibrary Ⓑ、株式會社中村Ⓒ

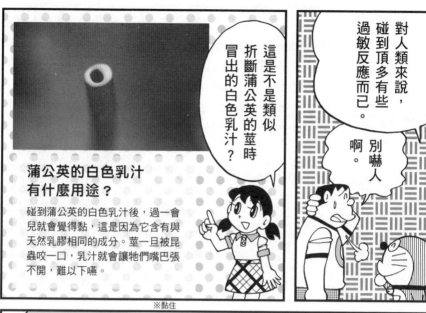

對人類來說，碰到頂多有些過敏反應而已。

別嚇人

啊。

這是不是類似折斷蒲公英的莖時冒出的白色乳汁？

### 蒲公英的白色乳汁有什麼用途？

碰到蒲公英的白色乳汁後，過一會兒就會覺得黏，這是因為它含有與天然乳膠相同的成分。莖一旦被昆蟲咬一口，乳汁就會讓牠們嘴巴張不開，難以下嚥。

※黏住

沒錯，跟蒲公英的乳汁具有同樣作用。

蟲子等一咬葉子，嘴巴就會被黏住，無法繼續多吃。

還有其他像這樣的植物嗎？

當然！

雖說武器都是「化學物質」，不過有些是碰到或吃到就會有危險，有些則頂多是覺得「苦」或「酸」等，有很多種類型。

攝影／多田多惠子

# 大研究！利用化學物質保護自己的植物

多數植物會在體內製造有害物質、難聞的氣味、難吃的味道，趕跑草食性動物和昆蟲。接下來這四頁將介紹我們身邊常見的植物。

## 各種內含化學物質的部位

有些植物是整株都有，有些則只有局部。而關於其「效果」和「強度」，不同植物的狀況也天差地別。

美洲商陸 ⓒ

葉 莖 根 種子

藤漆 Ⓐ

葉
莖
樹液

馬醉木 Ⓑ

全部

↑藤漆是生長在山裡的藤本植物。↑馬醉木常當成園藝植物卻有毒，草食性動物不吃，甚至有些地區只會看到馬醉木被留下。 ↗美洲商陸一到秋天就會有醒目的黑紫色果實，果實也有毒。

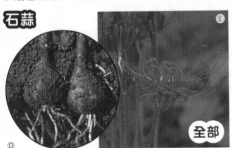

石蒜 Ⓔ

全部

Ⓓ

白花八角 Ⓖ

葉 枝 果實 種子

↑一到秋天就會綻放鮮紅色的花（右邊照片）。不結果時就會利用鱗莖分切繁殖（左邊照片）。只要不拿來吃就沒問題。

Ⓕ

↑經常在寺院或墓地看到的常綠樹。果實（左邊照片）類似中華料理常用的辛香料「八角」，但有劇毒，誤食會喪命。

## 必須小心的園藝植物

全都會開出漂亮的花，在公園等地方看到時，務必要小心避免幼兒誤食。

曼陀羅 Ⓗ

全部

↑喇叭形狀的花向下開。在日本江戶時代（1603～1868年）當作藥用植物傳進日本。

水仙屬 

全部

Ⓘ

↑經常聽到誤食葉子或球根中毒的案例。

夾竹桃 Ⓙ

全部

↑有時會看到被當成行道樹，燃燒產生的煙霧吸入人體也有害。

90

## 平常要小心的作物

以下介紹的全都是大家熟悉的食材,但烹煮時如果一時大意,可能釀成意外⋯⋯

### 梅

**未成熟的果實和種子**

↑夏初上市的青梅,如果生吃會拉肚子。用來泡酒(梅子酒)或晒乾(酸梅)則沒關係。

### 馬鈴薯

芽

↑芽和芽眼,以及晒到太陽變綠的外皮可能會導致中毒,一定要丟掉。

### 白腰豆

種子

↑日式傳統甜點常用的白豆沙等的原料。生吃有毒,必須完全煮熟再食用,否則可能會嘔吐、腹瀉。

## 對寵物有害的作物

來,分你吃⋯⋯慢著!有些美味的蔬果動物不能吃,各位必須記住。

### 葡萄

**➡ 尤其不能給狗吃!**

狗吃到葡萄會中毒,甚至喪命。不是只有生葡萄不行,就連葡萄乾、葡萄汁也絕對不可以給狗吃。

### 洋蔥和青蔥

**➡ 連一點點都不行!**

這是對狗和貓來說最毒的蔬菜。即使煮過依舊有害健康,千萬別餵食!

別讓寵物亂吃來路不明的植物。

植物有根系固定,無法逃離敵人的攻擊,只能利用尖刺等武器(參見八十五頁)、模仿害蟲的天敵(參見九十六頁)等方法抵禦。製造化學物質也是抗敵方法之一。

對人類來說比較麻煩的是,有些有毒植物與可食用的蔬果外觀類似。

比方說,水仙屬的植物葉子跟韭菜相似,經常有人因誤食而中毒。這類意外多半發生在家裡有菜圃,或入山採野菜時,百分之九十九的機會會發生「誤食」。

別吃無法判斷能否食用的植物,也請小心別拿去送人。

攝影/廣瀬雅敏ⒷⒺⒼ、多田多惠子Ⓒ、奧山久ⒹⓀ、岡田博ⒾⒿ、朝倉秀之Ⓛ 影像提供/photolibraryⒶⒻ、PIXTAⒽ

# 人類拿來利用的植物化學物質

有些植物用以自保的物質，反而成為人類的美食。

## 享受「苦味」與「辣味」

動物和昆蟲厭惡這些味道而不吃，但這些對人類無害，只當成美食享用。

### 苦味

苦瓜為了避免葉子和嫩果被敵人吃掉，製造了苦味物質，可惜這招對什麼都吃（？）的人類來說沒用。

苦瓜

### 辣味

山葵的辣味成分也是防禦物質。此物質累積在地下莖內時還不辣，磨成泥經過分解後才變辣。此物質很快就揮發，所以會感到刺鼻。

山葵

→山葵的辣味成分能夠有效消除生魚的腥味，也具有殺菌的效果，因此自古以來就用在生魚片和壽司等料理上。

←苦瓜希望果實成熟後能被動物吃掉、幫忙運送種子，因此會自動裂開，露出鮮紅色種子，吸引鳥類目光。

Ⓐ

---

## 注意別過量！

茶和咖啡含有化學物質「咖啡因」。咖啡因具有「消除睡意」等效果，換言之攝取過量就會導致「不易有睡意」等壞處，建議適量飲用。

咖啡

←咖啡是將咖啡樹的種子（左邊照片）烘焙後磨成粉，以熱水萃取後享用的飲料。

可可

茶

Ⓒ

↑將葉子製成綠茶或紅茶之後飲用。←可可樹果實內的種子是巧克力的原料，含有少量的咖啡因。

Ⓑ

咖啡、巧克力攝取過量，對身體也不好呢。

## 去掉澀味再吃

有些植物直接吃難以下嚥，必須加工去除難吃或有害的成分，才能入口。

### 竹筍

### 蕨

竹筍和蕨必須先去澀。竹筍用洗米水煮過，蕨則是放入加小蘇打粉的熱水（左邊照片），就能夠去除澀味。

不夠熟的柿子會有澀味，以避免被動物吃掉。澀柿子用下圖的方式處理，就能夠去除澀味。

①淋上日本燒酒，再將柿子擦乾。　②裝進塑膠袋密封靜置約一週。

↑這是最具代表性的去澀方法。日本燒酒的成分與澀味成分結合，就能去澀。←晒乾也是其中一種去澀方式。

## 當成良藥善加利用

植物製造的有害化學物質，人類稍微加工後，就能夠變成藥來利用。底下就是其中一例。

日本莨菪 毒

↑可從地下莖取得緩和疼痛的成分，用於眼藥等。

黃蘗

↑名稱是因為樹皮內側的黃皮，是健胃整腸藥的原料。

苦參 毒

↑名稱來自於根的味道苦到令人瞠目，可取得消炎成分。

各位看了這兩頁就會發現，沒有哪種動物跟人類一樣，可以吃很多種類的植物，人類能夠如此的原因有下列幾個。

首先是因為人類是雜食性的動物，可吃食物的範圍很廣。體型大也有好處，就算吃下有害物質，體型大造成的傷害也就小。

最關鍵的原因是，人類與其他動物不同，我們懂得拿掉有害部位或烹煮，也就不容易受到化學物質傷害。

尤其是懂得用火的影響甚大，因為植物的有害成分之中，有不少是經過加熱就變無害物質。

人類之所以能夠成為陸地上的王者，或許就是因為有能力掌控植物的化學物質？

攝影／廣瀨雅敏Ⓘ、奧山久ⒸⒺⒻ　影像提供／PIXTA ⒶⒼ、photolibrary Ⓓ、武田藥品京都藥用植物園Ⓗ

原來有那麼多植物含有化學物質。

吃那些植物的動物和昆蟲怎麼辦？

動物和昆蟲之中，

有些也能夠中和那些傷害。

### 無尾熊

無尾熊吃的尤加利葉（右邊照片）內含有害的「氰化物」和油脂。但是無尾熊體內有能夠分解這些物質的酵素和腸道細菌，因此吃了尤加利葉也不會拉肚子。

### 白粉蝶的幼蟲

甘藍等十字花科的葉子為了防止被吃掉，因此含有辣味成分。但是白粉蝶的幼蟲吃這類葉子時，能夠轉換成對自己無害的物質。

大葉桉／尤加利樹 Ⓑ

那是麝鳳蝶。這種蝴蝶也很厲害喔。

好厲害，就像吃進體內就能去掉柿子的澀味一樣，對吧？

嗯？

94

## 幼蟲時期就吃毒草的麝鳳蝶

馬兜鈴雖然含有毒的化學物質，麝鳳蝶的幼蟲卻吃馬兜鈴的葉子，在體內累積毒素。累積的化學物質等到成蟲後也仍然留在體內，因此鳥類等天敵不吃麝鳳蝶。

↑成蟲是以紅黑的醒目配色，慢速飛行讓天敵知道自己身上帶毒。
←吸收了馬兜鈴毒素的幼蟲，有時會被其他幼蟲誤以為是葉子吃掉。

大絹斑蝶 F

➡馬兜鈴是藤本植物，有喇叭形狀的花（箭頭處）。

↑幼蟲吃牛媚菜等葉子的大絹斑蝶，也會累積毒素自保。

把植物的毒素累積在體內，

保護自己遠離天敵嗎？

另外還有懂得利用昆蟲自保，當作墊腳石的植物喔。

真假?!

這一點顯然是動物和昆蟲，比較厲害！

攝影／奧山ⒶⒸⒹ、廣瀬雅敏Ⓑ、岡田博Ⓕ 影像提供／photolibrary Ⓔ

# 呼叫保鏢，擊退敵人！

除了武器與化學物質之外，植物還有其他防衛方法，就是「雇用保鏢」，招攬昆蟲等成為自己的夥伴，不使害蟲靠近。植物是怎麼做的？

## 螞蟻隨扈

螞蟻有時會攻擊其他昆蟲，因此有些植物會從莖葉分泌蜜汁，召喚螞蟻過來幫忙趕走害蟲。

### 這些植物也會雇用螞蟻！

野桐 B

↑葉基部的兩側有花外蜜腺。➡葉腋的托葉部分有花外蜜腺。

野豌豆 D

染井吉野櫻

↗螞蟻在舔葉子的花外蜜腺。牠們為了吃蜜汁，會在樹上巡邏。 A

© KAZUO UNNO/SEBUN PHOTO/amanaimages

## 熱帶的「螞蟻植物」

不是只為了蜜汁，有些螞蟻會在植物體內打造螞蟻公寓，與植物共生，稱為「親蟻植物」。

金合歡屬

E

↑大刺（箭頭處）內部中空，螞蟻住在這裡。➡葉端有營養豐富的顆粒（箭頭處），螞蟻就是用這個餵養幼蟲。 F

← 相思樹螞蟻把刺尖的洞當成內部蟻穴的出入口，只要有動物碰樹，就會群起出動威嚇。

➡葉軸上具花外蜜腺，可分泌蜜液，供應相思樹螞蟻成蟲伙食。

© Angel DiBilio/shutterstock

## 螞蟻的公寓！蟻巢玉

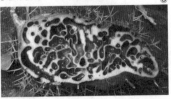
G

蟻巢玉長滿刺的粗莖內部空洞成了螞蟻窩（照片是莖的剖面）。換取的是以螞蟻的糞便當作肥料，代替房租。

影像提供／西武武藏野PARTNERS（© NPO birth）Ⓐ、塚谷裕一（東京大學理學研究所教授）Ⓖ

## 蜱蟎也是保鏢？

樟樹葉子上打造蟲菌穴，俗稱「避蚤室」，養著節蜱，以節蜱為餌食吸引肉食性蜱蟎，藉此趕走吸食葉汁的有害蜱蟎。

節蜱

樟樹

↑在葉脈分支處的疣就是蟲菌穴，裡面住著一隻一隻的節蜱。

↑節蜱也吸食葉汁，不過損害輕微。➡吃節蜱的捕植蟎上門來，對付比節蜱危害更大的其他蜱蟎類。因此養著節蜱對樟樹來說很有利。

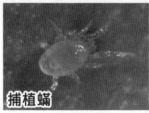
捕植蟎

## 野桐、螞蟻和蚜蟲的微妙關係

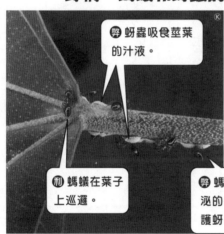

⊛蚜蟲吸食莖葉的汁液。

⊛螞蟻在葉子上巡邏。

⊛螞蟻喜歡蚜蟲分泌的甜液，因而保護蚜蟲。

野桐分泌蜜汁，螞蟻就會趕跑害蟲當作回報。但是一旦蚜蟲加入……就會像左圖那樣，螞蟻「背叛」野桐，保護蚜蟲，導致野桐無法如願。

螞蟻對其他昆蟲都有攻擊性，因此是最稱職的保鏢。

聽到有人說：「相思樹蟻連大型動物也照樣攻擊。」你或許不相信，但是，與日本的乖巧螞蟻不同，相思樹蟻的肚子有毒針，很好戰，被牠螫到會痛到跳起來。靠近牛角刺槐的生物，不管是昆蟲或是人類，都會遭到這種螞蟻群起攻擊。

因此相思樹屬的植物理所當然願意提供牠們食物與住居。

攝影／多田多惠子ⒷⒸⒺⒻⓀ、田中肇Ⓓ　影像提供／西田佐知子（名古屋大學博物館副教授）ⒽⒾⒿ
※本頁介紹的蜱蟎不屬於昆蟲，分類上更接近蜘蛛。

不過，就算有那麼多對策，還是有可能被吃掉。

做了這麼多還是被吃，也只有認了吧。

真的就這樣認了嗎？

咦？

認了？

你們最近拔過雜草嗎？

昨天正好被叫去拔草。

我也是。

拔過之後，雜草怎麼了？

沒多久就又長得很茂盛了！

嗯？

沒錯……

仔細想想，為什麼會這樣？

因為植物擁有很強的再生能力啊。

那拔完草之後很快又長回原狀，也是……

沒錯。

98

# 莖、葉是如何再生？

**朝上生長的莖如果失去頂端，「備胎」就會立刻長出，讓植株恢復原狀！**

## 側芽伸長再生

如右圖所示，頂芽順利成長時，側芽不會出現，但頂芽一旦消失，側芽就會出現成為新的頂芽，長出莖和葉。

**頂芽**
位在莖頂端的芽。頂芽向上長出莖和葉，植物就會長大。

**側芽（腋芽）**
頂芽一旦不見，由靠近頂芽的葉腋形成側芽。平常看不到（★）。

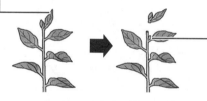

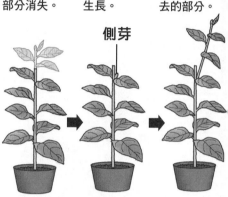

❶有頂芽的部分消失。　❷側芽快速生長。　❸再生取代失去的部分。

側芽

↑這種再生能力只有植物才有，動物沒有這種能力。但這只會發生在失去頂芽時，一般葉子破損無法恢復，葉子也不會變成莖。

---

## 小小組織增生成許多植物

**蘭科植物** 利用植物的再生能力，從頂芽細胞分裂旺盛的部分，製造新植株。

繁殖不易靠組織增生的蘭科植物

❶取下部分芽進行繁殖。
為了成長快速，利用加入養分的洋菜膠繁殖頂芽組織。

洋菜膠

❷產生細胞團，具有形成各種器官的能力。

❸從❷的細胞培養出有根、莖、葉的芽鞘。

❹長出性質與親代相同的芽鞘（複製植物）。

比方說，莖的頂端被吃掉時，就會啟動再生！

　★在非草本的木本植物樹枝上，頂芽附近的葉腋多半會長出側芽。

因為莖與葉會再生，所以才會說拔雜草要連根拔起嗎？

←葉子細的禾本科雜草的生長點位在根附近（箭頭處），因此即使切斷上半部，只要根還在，就會再度長出來。

沒錯。很多植物就算地面上的部分全被吃掉，

只要根還在，就能夠再生。

全被吃掉也可以？

※照

先把大家都縮小。

哇，「縮小燈」！

我們去看看實際吧。

※照

噴一下。

接著是這個，「遁地瓦斯」。

DON

※噗咻

100

怎、怎麼了？

他沉到地底去了！

怎麼回事？

別擔心，這裡比在水裡游起來更輕鬆。

救命！

要溺死了、要溺死了！

也可以清楚看到地面上的情況。

真的耶！

噴上「遁地瓦斯」就能夠在地底活動了。

真好玩！

101

※前進

好像在天上飛。

呃啊！

繩子延伸到地面上就是草……

這些像繩子的東西是什麼？

那就是我想讓你們看的東西。

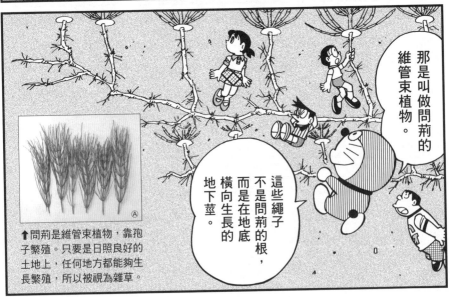

那是叫做問荊的維管束植物。

這些繩子不是問荊的根，而是在地底橫向生長的地下莖。

↑問荊是維管束植物，靠孢子繁殖。只要是日照良好的土地上，任何地方都能夠生長繁殖，所以被視為雜草。

Ⓐ

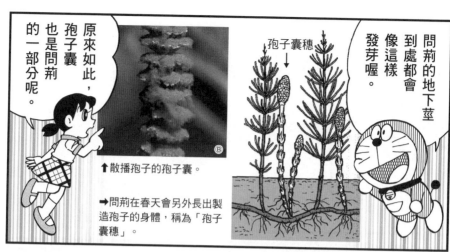

問荊的地下莖到處都會像這樣發芽喔。

↑孢子囊穗

原來如此，孢子囊也是問荊的一部分呢。

↑散播孢子的孢子囊。

➡問荊在春天會另外長出製造孢子的身體，稱為「孢子囊穗」。

這樣看來的確是，只拔掉地面上的部分還是會再長。

↑問荊的地下莖橫向生長，莖最後延伸到地面上。←利用孢子和地下莖進行繁殖，所以有時一整片區域都是問荊。

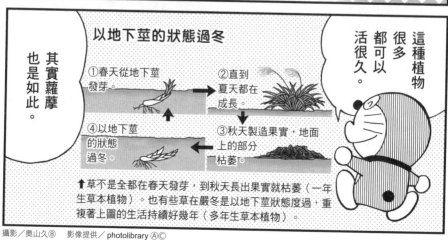

這種植物很多都可以活很久。

其實蘿蔔也是如此。

### 以地下莖的狀態過冬

①春天從地下莖發芽。

②直到夏天都在成長。

③秋天製造果實，地面上的部分枯萎。

④以地下莖的狀態過冬。

↑草不是全都在春天發芽，到秋天長出果實就枯萎（一年生草本植物）。也有些草在嚴冬是以地下莖狀態度過，重複著上圖的生活持續好幾年（多年生草本植物）。

攝影／奧山久Ⓑ　影像提供／photolibrary ⒶⒸ

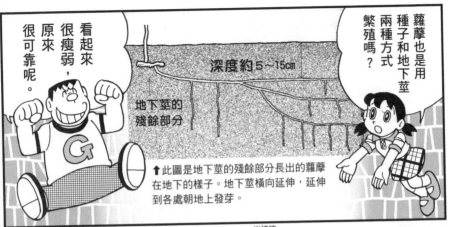

蘿蔔也是用種子和地下莖兩種方式繁殖嗎？

看起來很瘦弱，原來很可靠呢。

原來很瘦弱，看起來很可靠呢。

深度約5～15cm

地下莖的殘餘部分

↑此圖是地下莖的殘餘部分長出的蘿蔔在地下的樣子。地下莖橫向延伸，延伸到各處朝地上發芽。

※挖挖

地面上有許多吃植物的敵人，所以地下莖在地底生長比較有利。

※老鼠！

你看仔細，那不是老鼠，是鼴鼠。

※挖挖挖

沒想到哆啦Ａ夢在地底下遇到了天敵。

好可怕！老鼠好可怕！

# 從莖、葉、根繁殖的分身術！

植物除了開花製造果實及種子之外，還能夠以自己身體的一部分製造出新的身體，這種方式稱為「營養器官繁殖」，又叫「無性生殖」。就算不開花也能夠確實繁衍出後代，不過……

## 用莖繁殖！

莖以分身術製造複製植物※的例子很多，例如莖生根，或是莖在地面上、地下變塊莖，或是莖橫長，前端長出新植株等。

### ●在地下長出根莖類作物

**馬鈴薯**

馬鈴薯不是根，而是地下莖變形之後，澱粉堆積而成的部分（塊莖）。種薯長出的莖延伸出地下莖，末端會長出新的馬鈴薯。

種薯 ©

**芋**

種芋上面長出母芋，母芋四周長出子芋，子芋再長出孫芋，芋就是以這樣的方式繁殖。

母芋 ⑩

### ●莖在地下或地上橫向生長繁殖

**菽草**

在地面上各角落的匍匐莖延伸，長出花和葉子，同時也分支出大的植株。

Ⓔ

### ●莖的前端鑽進地下生根，變成塊根

**王瓜**

屬於藤本植物，夏天時莖蔓會向上延伸；到了秋天就會垂直往下垂，莖蔓前端會鑽進土裡繁殖塊根。地面上的部分會結果實（箭頭處），也可以用種子繁殖。

←莖的頂端碰到地面，就會鑽進土裡。莖蔓的前端累積養分，長出新的塊根。

Ⓐ

→長出的塊根是無性生殖而成，所以與原本的王瓜性質相同。

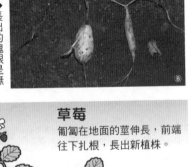
Ⓑ

**草莓**

匍匐在地面的莖伸長，前端往下扎根，長出新植株。

※複製植物（參見99頁）：擁有與原始母株完全相同之基因的子株。

## ●由切斷的莖生根

### 豆瓣菜

原本生長在水邊的植物，從扯斷的莖可以長出根來繁殖。如下圖所示，一般家庭也可以輕鬆水耕繁殖。

↑從超市買回家後泡進水裡，一週後在莖上各處就會長出像這樣的根。

❶為了減少水分蒸散，把葉子剪掉一半。

剪下莖，插進土裡或水裡生根繁殖的方法稱為「扦插」。繡球花就是扦插繁殖的代表。按照❶〜❸的步驟就能輕鬆完成。

❷插入裝水的容器裡1〜2小時。

❸再插入花盆的土壤裡（★）。

## ●在莖的中段產生繁殖體

### 薄葉野山藥

繁殖體（箭頭處）是植物身體一部分儲存養分後，在地面上形成的塊莖。掉在地上就會生根長成新植株。

←薄葉野山藥可用種子繁殖，也會長出繁殖體繁殖。薄葉野山藥的繁殖體可食用。

Ⓕ

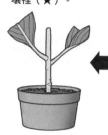

原來馬鈴薯不是塊根！

★土壤裡如果雜菌很多，很容易腐爛，所以最好使用赤玉土或蛭石等。

透過營養器官繁殖（無性生殖）製造新植株，就能夠快速增加該植物的數量。相反的，製造種子需要開花和授精，比較花時間。

但是這種「分身術」也有陷阱。分身產生的新植株擁有與原始植株一模一樣的性質，是複製植物，因此原始植物如果不耐病，「分身」也會一樣不耐病，一旦碰到疾病流行，該植物恐怕會絕種。

另一方面，開花後異花授粉（參見六十四頁）所製造的種子，繼承了父母雙方的特性，就能夠減少全體因病原體而絕種的危險。因此多數植物都會製造種子，同時又會利用「分身術」繁殖。

攝影／多田多惠子ⒶⒷ、奧山久ⒸⒹ　影像提供／福原達人（福岡教育大學自然科學教育生物領域）Ⓔ、photolibrary Ⓕ

## 用葉子繁殖！

葉子發芽，或是用切斷的葉子分化生芽繁殖（葉插法）。有些植物就是採用這種方式人工繁殖而成。

### ○葉緣發芽

**不死鳥**

葉緣形成的芽脫落，就會在地面扎根長出新植株。順便補充一點，胡麻花這種植物利用葉先端長出芽來進行繁殖。

## 用根繁殖！

在地下橫向生長的根前端發芽，或是斷根發芽繁殖。

### ○在地下橫向生長的根發芽

**圓葉海棠**

從根部長芽的情況，稱為「根萌芽」。刺槐、遼東楤木等，也是利用地下橫向生長的根發芽繁殖樹苗。

### ○斷葉生根發芽

**虎尾蘭**

屬於觀葉植物，切下葉子插在培養土※裡，如下圖所示，就會生根長出新植株。

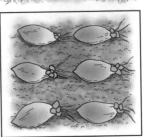

**擬石蓮花**

與虎尾蘭相近、有厚葉的觀葉植物（多肉植物）。如右圖那樣，只要切下葉子放在土上，就會生根發芽。

### ○斷根發芽

**蒲公英**

切斷的根會發芽長出新植株。蒲公英的根切成小段，放在花盆裡繁殖，就能夠長出新的蒲公英，歡迎各位試試。

植物能夠利用根、莖和葉等部位製造新身體，是因為植物細胞擁有「變化成各種器官」的能力。這就是植物與動物的最大不同之處。

動物的細胞一旦變成內臟和肌肉等，就無法再變成其他部分的細胞。但是植物的細胞很「萬能」，能夠從葉子生根，就算被吃掉或扯斷，也有辦法再生。

植物無法移動，因此是利用這種再生能力增加數量，就算被吃掉也能在困難重重中存活下來。而我們人類，則是利用它們的再生能力，以人工方式繁殖植物。

# 把樹枝接到其他樹上的「嫁接法」是什麼？

意思是把兩個以上的植物相接，構成一株植物。與其他的「分身術」不同之處在於，此方法是用不同的植物相接。

❶相接的樹枝削成右圖那樣。不是要讓這個樹枝生根，而是要接上其他樹的維管束使它成長。

❷當作基底的樹，在靠近樹皮的位置劃上一刀割開。

❸把Ⓐ像右圖那樣插進Ⓑ的裂口裡固定。Ⓐ如果發芽長枝，嫁接就成功了。

## 採用嫁接法的目的！

「把不耐病蟲害的樹枝，接上耐病蟲害的砧木，就能夠長出健康的樹」、「連上已經長好的砧木，藉此能夠提早收成果實」等，嫁接有諸如此類的好處，也是種植果樹常用的方法。

反言之，這種方法需要具備經驗與技術，因此一般都是去園藝店購買現成的嫁接繁殖樹苗。

## 用花也能製造分身！

花本來就是授粉製造果實及種子的器官，但也有些植物的花是不需授粉也能夠製造種子，或是花苞會變成球根，利用各種方式留下後代。

### ●不授粉就製造種子

**西洋蒲公英**

這個外來種的蒲公英，與日本自古以來就存在的蒲公英不同，雌蕊的卵細胞能直接發育成胚胎而產生果實，因此繁殖能力很強。

**魚腥草**

它不但能夠不授粉就製造種子，還能夠伸長地下莖，並在莖端長芽繁殖，所以就能夠迅速長出一大片。

### ●花苞變成繁殖體

**山蒜**

原本應該長成花的部分沒有變成花，而是變成小型球根（繁殖體）。山蒜的花苞多數都變成繁殖體，掉在地上發芽生根繁殖。

比方說，可以讓桃子樹長出杏桃和李子！

※「嫁接」有很多種做法，這裡介紹的是其中一例「接枝法」。

你也真是的……居然怕老鼠怕成那樣。

真會給人添麻煩。

我太丟臉了。

## 第五章 果實是「種子中繼站」

※轟隆隆

打雷？好像要下雨了。

用「時光電視」，看看晚一點的狀況吧。

※拿出

咦？這是……

遠方天空的顏色都變了，我就在猜該不會是……

龍捲風要來了！

龍捲風!?

→龍捲風會劇烈旋轉空氣、吹起強風，起因目前仍不清楚，而且因為短時間之內就能在一個區域內形成，因此也很難預測。

那這株蘿蔔怎麼辦？

那是什麼？

龍捲風是空氣用力吹上高空的現象。

地面上的東西也會被捲進去，帶來重大損害。

原本希望它能夠繁殖出種子的……

就算被吹走，它仍然會再生，別擔心。問題是……

↑地下莖還在就能夠再生。

抵達之前生出種子呢？

嗯……

龍捲風再過一個小時就會到這裡了……

沒什麼道具可用嗎？

也不是這個！

怎麼可能！

大雄果然很笨！

可以辦到喔！

不對，

① 各類昆蟲會聚集到花前，把腦袋探進花裡吸食花蜜。

↖花上有五處凹槽（箭頭處），花蜜從凹槽後側分泌。

## 蘿藦的花屬於「有點恐怖的餐廳」？

花的外觀雖然看起來小小的、很可愛，可是卻會設陷阱，讓前來吸食花蜜的昆蟲沾上花粉，這是真的嗎？

② 花粉塊藏在細凹槽後側像夾子的機關（載粉器）上，會沾到昆蟲的身體。

③ 身上沾到花粉塊的昆蟲去其他蘿藦吸花蜜，就會幫助花授粉。

←口器沾到花粉塊的蛾。

←有些昆蟲在吸蜜時，身體和口器就會被花的細凹槽夾住。有的就這樣死掉，有的為了逃脫而扯斷口器或腳。

過去是很多蜜蜂幫忙授粉。既然如此——

※照

攝影／多田多惠子ⒶⒷⒻ、田中肇ⒸⒹⒺ

看我的！

再度輪到「成長促進燈」登場！

這樣就可以加速製造種子。

吧就說

花逐漸枯萎了。

シワ シワ シワ

看著吧。

枯掉了沒關係嗎？

ピャーシワ シワ

嗯？變化的速度有點慢。

「成長促進燈」壞掉了嗎？

※膨脹膨脹

啊？

枯掉的花基部鼓起來了！

膨脹的部分是雌蕊基部的子房。子房會變成果實。

### 子房長大變成果實

如同55頁的說明，子房包覆並保護後來變成種子的胚珠，也在受精後負責養育果實。右邊照片是蘿藦的嫩果。

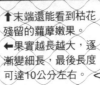

↑末端還能看到枯花殘留的蘿藦嫩果。
←果實越長越大，逐漸變細長，最後長度可達10公分左右。

攝影／多田多惠子Ⓐ

果實!?

果實的類型
有很多種，
不是全部
都能吃。

而且
一般說的
蘋果和草莓
雖然是果實，
但其實
不是果實喔。

什麼？

是果實又
不是果實，
你到底
在說
什麼？

不是果實
難道是果凍嗎？

還是果醬？

胡說什麼……

與其他
果實相比，
有什麼不同呢？

你們只要記得
果實是
「裡面有種子」
就好，

因為
果實的種類
多到驚人喔。

像蘋果或
草莓一樣
可以吃嗎？

這種時候還是
只想到吃。

不是才剛吃了
午餐嗎？

# 美味的果肉！在空中飛翔的羽毛！包羅萬象的果實

植物果實外觀千變萬化，豐富到令人瞠目。究竟花的哪個部分、如何培育，才會長出那麼多種類型的果實呢？

## 子房長成果實

受精（參見55頁）後，胚珠就會長成種子，子房長成果實，子房壁是「果皮」。有些植物的果實柔軟且果肉厚，有些堅硬乾燥，有些伸出翅膀，紛紛變化成不同類型。

### 柿子的花與果實

花

- 萼片
- 花柱
- 胚珠……種子
- 子房

果

- 中果皮
- 發達的果肉
- 宿存的萼片

## 擁有多汁果肉的「漿果」

肥厚的果皮變成美味的「果肉」，裡面包覆著種子，這種果實稱為「漿果」。這是植物的策略，以果肉為餌，誘使鳥類和動物幫忙傳送種子。

莢迷

←鳥類不是嗅氣味，而是憑借視覺找食物，因此鳥吃的果實多半都像莢迷這樣，是醒目的紅色。

海州常山

→有些植物也像海州常山一樣，黑色果實中央有紅色星形萼片，利用紅黑兩色吸引鳥類目光。

軟棗獼猴桃

←奇異果的同類，猴子等動物愛吃。因為吸引的對象是動物，所以成熟的果實顏色很樸素，靠的是甜甜香氣。

包覆種子的果皮也有各種造型變化呢。

果實的任務就是保護內部的種子，以及幫助種子外出旅行（參見十四至十五頁）。嫩果有果皮包覆種子，並配合旅行方式改變外形生長。

這裡要介紹的是果實（果皮）的成長方式，右頁的內容是果皮柔軟肥厚的果實，左頁是果皮堅硬乾燥

攝影／奧山久（除了Ⓐ～Ⓘ之外）、多田多惠子ⒶⒷⒹⒺⒽⒾ

116

# 裂開噴出種子的「蒴果」

果皮是膠囊或袋子的造型，成熟之後就會打開釋出種子的果實稱為「蒴果」。種子會噴出去，或隨風散播。

長蒴罌粟

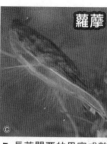

蘿藦

紫花地丁

車前草

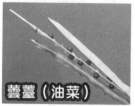

蕓薹（油菜）

↑紫花地丁的果實成熟後，會裂成三瓣，噴出種子。車前草的果實成熟後，上半部會像蓋子一樣脫落。

↖長蒴罌粟的果實成熟後，頂端會開窗。
←中央有分隔的蕓薹（油菜）果實。
↑蘿藦的果實會縱向裂開，飛出長毛的種子。

# 堅硬的「堅果」

櫟樹

青栲櫟

硬果皮很發達的「堅果」，傳播的方式是利用松鼠等動物會儲存食物的特性。

山核桃

↖橡實外殼相當於果皮。←橡實發芽。↑山核桃的果實和剖面。

# 有翅膀的「翅果」

果皮的一部分變成翅膀的果實稱為「翅果」，能夠隨風飛行。

美國鵝掌楸

有一顆種子在裡面

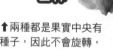

又長又扁就像翅膀

↑裝著種子的位置是重心所在，所以果實會以這裡為中心旋轉降落。

白樺

春榆

↑兩種都是果實中央有種子，因此不會旋轉，而是翩翩隨風飛舞。

# 果皮又薄又乾的「瘦果」

關東蒲公英

日本水楊梅

薄薄的果皮包覆著種子。「瘦果」的意思是細小的果實。

↑乍看像種子，但蒲公英的果實也是瘦果。➡有倒鉤的日本水楊梅也是瘦果。

的果實。果皮軟的果實採用的策略是，用好吃的果肉包藏種子，吸引鳥類或動物吃下後運送種子。

另一方面，果皮乾的果實採用的送出種子策略是，果皮會裂開，或是變成翅膀、變成刺，或是能夠長期保存。

## 芯部分是果實 蘋果、梨子等

吃蘋果或梨子時，吃的其實不是果實的部分，而是支撐花瓣、雄蕊、雌蕊的地基「花托」（參見55頁）所發育成的東西。那麼，果實在哪裡呢？就是在一般稱為「芯」的部分。怪不得種子會在芯裡面！

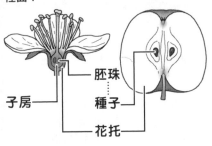

胚珠
子房
種子
花托

我還以為那個紅色部分是草莓的果實。

像蘋果等水果一樣，食用部分嚴格來說並非果實的水果，稱為「假果（假的果實）」。

站在植物的立場來看，不管是不是果實，長得好吃都是為了被吃掉，才能幫助播種，所以「假果」、「真果」都只是人類的看法而已。

# 水果吃的是哪部分？

這兩頁將介紹水果可食用的部分。有些看起來像果實的東西，竟然是……

## 吃的部位是果皮 柿子等

水果的「果肉」是哪個部分變厚得來的呢？一般來說，種子是包覆在外果皮、中果皮、內果皮這三層果皮內，我們食用的多半就是中果皮和內果皮。

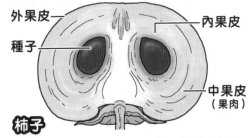

外果皮
內果皮
種子
中果皮
（果肉）

### 柿子

剝掉有光澤的外果皮後，吃中果皮。內果皮是包覆種子的半透明柔軟有彈性部分。

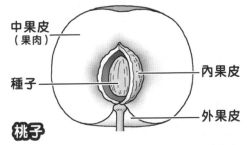

中果皮
（果肉）
內果皮
種子
外果皮

### 桃子

內果皮很硬（稱為核），裡面包著種子。香甜多汁的部分是中果皮。

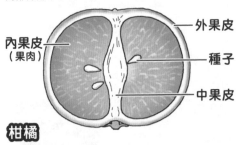

外果皮
內果皮
（果肉）
種子
中果皮

### 柑橘

外側黃色外皮是外果皮，底下白色部分是中果皮，食用部分是內果皮（半透明的瓣膜）多汁的汁囊。

# 裸子植物會製造果實？

一般常講的「松果」、銀杏的「白果」看起來像是果實，其實不是。裸子植物的花沒有子房，胚珠外露，因此無法形成包覆種子的果皮。

## 毬果 赤松等

毬果

雌毬花 B

C

種子

D

松樹類的樹木會產生毬果。這是由樹枝變形而來，鱗片狀部分內藏兩顆一組有翅膀的種子。

## 種皮 銀杏、蘇鐵等

E

外種皮

成熟後就會變黃發臭的部分，有些人摸到就會有過敏反應。

中種皮

銀杏果堅硬的白殼。我們吃的是裡面的胚乳。

胚乳

內種皮

包覆胚與胚乳的薄皮。

胚

胚是變成根、莖、葉的部分。

上圖銀杏樹的「銀杏果」是種子，看似果肉的是外種皮。內種皮裡面的部分可食用，不過曾經有吃太多導致中毒的例子，請務必小心。

## 小顆粒是果實 草莓

如下圖所示，草莓的花有許多雌蕊，這些雌蕊變成果實，就是草莓表面的那些小顆粒。那麼，我們吃的草莓是什麼部位呢？跟蘋果一樣是花托。

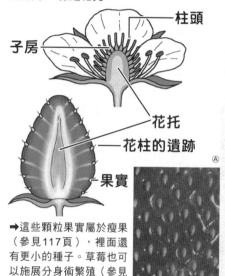

柱頭

子房

花托

花柱的遺跡

果實

A

➡這些顆粒果實屬於瘦果（參見117頁），裡面還有更小的種子。草莓也可以施展分身術繁殖（參見106頁）。

## 吃果實與花托 無花果

無花果看似果肉的部分是花托，只不過是跟小顆粒狀的果實一同吃下。

果實

果實裡面有偏硬的種子，所以吃起來會有噗滋噗滋的口感。

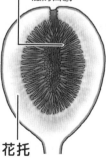

花托長成囊袋狀，內側有許多顆粒狀的果實，我們吃的是這個果實和花托。順便補充一點，內部的雌花是以不授粉狀態培育果實。

花托

※毬果：特別是指松樹類樹木的毬果，也叫「松毬」。

是喔，蘿蔔的果實原來不能吃。

就是這樣。

哆啦A夢，好像從剛才就沒有動靜……

大事不妙了。

你太認真說明了，才會沒注意吧。

壞掉了……

「成長促進燈」熄滅了！

哆啦A夢！你怎麼每次到了關鍵時刻就會出錯！

怎麼辦？

龍捲風……

再過十分鐘就會過來了！

※慌亂、亂敲

沒時間了怎麼辦？

不行！想不出來！

你冷靜點啦。

用別的方法把種子……

我想想……

頭真硬！

敲一敲頭就好了？

咦？哆啦A夢，快看那個燈！

※咻、照

好，我們快點繼續！

風變強了。

※鼓起鼓起鼓起　　※鼓起鼓起

果實變成橄欖球的形狀了！

再度開始膨脹了！

幸好來得及。

大雄，你拿著燈。

好。

種子就在裡面吧。

果實完全成熟、變成褐色了。

※照、咻

……可是

大家快點進到「任意門」裡！

龍捲風快到了，

很好，果實裂開了！

※裂開

快加油啊！

※照

大雄！

再一下下。

※照

## 自動裂開，釋出種子！

蘿藦的果實成熟後，就會自動裂開，釋放裡面的種子。直到種子乘風起飛之前，果實都確實擔任種子倉庫的工作。

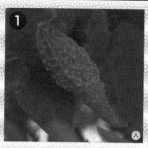

←蘿藦的果實一開始是綠色，裡面的種子也是尚未成熟的狀態。

↙在進入冬季之前，果實外皮變乾、變成褐色，並且從正中央裂開，露出種子。

↓種子展開白毛朝天空飛去。

幾天後——

那些種子後來應該都平安無事吧？

那可是連「任意門」都吹跑的龍捲風耶。

種子也有可能因為龍捲風的關係，飛到更遠的地方去了。

啊。

你們看那邊。

攝影／田中肇Ⓐ Ⓑ、多田多惠子Ⓒ

125

該不會⋯⋯

嗯，蘿摩的種子通常應該出現在比現在更晚的秋末。

也就是說？

我們走！

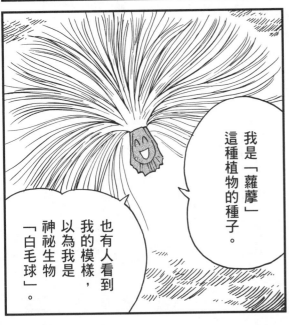

我是「蘿摩」這種植物的種子。

也有人看到我的模樣，以為我是神祕生物「白毛球」。

嘿！

你是不是⋯⋯

※哈哈哈哈哈哈

# 哆啦A夢科學大冒險 ❹
# 探究植物夢工廠

- 角色原作／藤子・F・不二雄

- 日文版審訂／多田多惠子（理學博士、植物生態學家）

- 漫畫／肘岡誠

- 翻譯／黃薇嬪

- 台灣版審訂／楊智凱

- 發行人／王榮文

- 出版發行／遠流出版事業股份有限公司

- 地址：104005 台北市中山北路一段 11 號 13 樓

- 電話：(02)2571-0297　傳真：(02)2571-0197　郵撥：0189456-1

- 著作權顧問／蕭雄淋律師

【參考文獻】
龜田龍吉・攝影 多田多惠子・撰文《快樂調查 菓子科學館》（山與溪谷社 2003）、岩瀨徹等人著《用照片看植物術語》（全國農村教育協會 2004）、多田多惠子著《生活中常見植物的大發現！種子們的智慧》（日本放送出版協會 2008）、多田多惠子審訂、撰文《大自然的不可思議 增補修訂版 植物的生態圖鑑》（學研教育出版 2010）、多田多惠子著《生活中常見的樹木果實與種子 隨身手冊》（文一綜合出版 2010）、多田多惠子著《生活中常見的樹木果實、植物種子 圖鑑與採集指南》（實業之日本社 2011）、多田多惠子著《野地花的生態圖鑑》（河出書房新社 2012）、多田多惠子著《小學館圖鑑 NEO 花》（小學館 2014）、岩瀨徹等人著《新・雜草博士入門》（全國農村教育協會 2015）、多田多惠子 攝影・撰文《歡迎光臨！花餐廳》（少年寫真新聞社 2017）、門田裕一審訂《小學館圖鑑 NEO（新版）植物》（小學館 2018）、多田多惠子・撰文 大作晃一・攝影《美麗小巧的雜草花圖鑑》（山與溪谷社 2018）、多田多惠子 攝影・撰文《歡迎光臨！菓子科學館》（少年寫真新聞社 2019）、多田多惠子著《強悍的植物門 春夏篇——各式各樣祕密大作戰》（筑摩文庫 2019）、多田多惠子著《強悍的植物門 秋冬篇——各式各樣祕密大作戰》（筑摩文庫 2019）、小幡和男等人著《樹木博士入門》（全國農村教育協會 2020）

2022 年 12 月 1 日　2024 年 5 月 1 日 二版一刷

定價／新台幣 299 元（缺頁或破損的書，請寄回更換）

有著作權・侵害必究 Printed in Taiwan

ISBN 978-626-361-654-7

遠流博識網　http://www.ylib.com　E-mail:ylib@ylib.com

ドラえもん　ふしぎのサイエンス──植物のサイエンス

◎日本小學館正式授權台灣中文版

- 發行所／台灣小學館股份有限公司

- 總經理／齋藤滿

- 產品經理／黃馨瑝

- 責任編輯／李宗幸

- 美術編輯／蘇彩金

國家圖書館出版品預行編目（CIP）資料

哆啦A夢科學大冒險. 4：探究植物夢工廠／日本小學館編輯撰文；藤子・F・不二雄角色原作；肘岡誠漫畫；黃薇嬪翻譯. -- 二版. -- 臺北市：遠流出版事業股份有限公司, 2024.05

面；　公分. --（哆啦A夢科學大冒險；4）

譯自：ドラえもんふしぎのサイエンス：植物のサイエンス

ISBN 978-626-361-654-7（平裝）

1.CST: 科學　2.CST: 植物學　3.CST: 漫畫

307.9　　　　　　　　　　　　　113004430

※ 本書為 2021 年日本小學館出版的《植物のサイエンス》台灣中文版，在台灣經重新審閱、編輯後發行，因此少部分內容與日文版不同，特此聲明。

## 蕈菇的同類

它們是與黴菌同樣利用孢子繁殖的「真菌」，只不過製造孢子的部分大到肉眼可以看見。

香菇
ⓒ

長裙鬼筆
ⓓ

↑黑色部分會散發臭味吸引蟲子靠近幫忙搬運孢子。

←分解枯樹的養分長大。

## 黴菌的同類

與蕈菇不同，黴菌製造孢子的部分不大。

麴菌
Ⓔ

←分解糖轉換成酒精，釀酒使用。

青黴菌

↑藍色和綠色的黴菌，長在麵包等食品上使之變質。

# 不是植物的原因❷ ~真菌（蕈菇與黴菌）~

土裡
菌絲體

子實體
用來散播孢子的身體

孢子

在利用孢子繁殖這一點上，跟蕨類、苔蘚相似，不過它們不行光合作用，而是伸長菌絲，從身體表面分解並吸收動植物的養分維生（左圖）。

蕈菇和黴菌都不行光合作用。

---

# 生物可分為五大類

目前生物分為以下五界。過去只分為動物和植物兩界，但是近年來利用DNA等技術揭開了生物的構造與演化過程，因此想法也大幅改變。

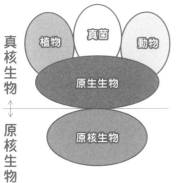

真核生物 ⇕ 原核生物

←首先根據細胞構造的不同，分成原核生物與其他（真核生物），接著再把真核生物分成植物、真菌、動物、原生生物。

| 植物 | 真菌 | 動物 |
|---|---|---|
| 不會動，行光合作用製造養分 | 分解吸收死亡生物的養分 | 會動，吃食物吸收養分 |
| 櫻花<br>蕨類<br>苔蘚 | 蕈菇<br>黴菌<br>酵母 | 人<br>昆蟲<br>蚯蚓 |

| 原生生物 | 不是原核生物，也不屬於以上三種的生物。包括藻類、阿米巴原蟲、黏菌等。 |
|---|---|
| 原核生物 | 細胞構造與上列四種有根本上差異的生物。包括細菌、銅鏽微囊藻等的藍綠菌等。 |

# 海藻與蕈菇是「植物」嗎？

先說結論，它們「不是植物」。
那為什麼要分成植物、海藻、蕈菇來思考呢？

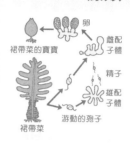
## 海藻的同類

屬於「藻類」，是同樣會行光合作用的生物之中，除了植物之外的一群，在水中生活。跟植物不同，它們之中有些是利用非綠色的色素行光合作用。

**紅藻**

### 石花菜

含有眾多紅色光合作用色素的「紅藻門」成員之一。整體是紅色，也是食材「寒天」的原料。

### 孔石蓴 **綠藻**

含有眾多綠色光合作用色素的「綠藻門」成員之一。生長在海岸岩石等地方。通常是乾燥後作為食材或飼料。

**綠藻**

### 車軸藻

生長在淡水水池等地方的綠藻之一。車軸藻的存在使得科學家認為綠藻門最早是從苔蘚植物演化而來。

**褐藻** 裙帶菜

含有褐色光合作用色素的「褐藻門」成員之一。通常生長在水深5公尺左右的海裡，更是眾所熟悉的食品材料。

**褐藻**
海帶

與裙帶菜同樣是廣泛應用的食材，也是褐藻門的成員之一。長度約2～4公尺，甚至可長達20公尺。

## 「浮游植物」是什麼？

在水中漂浮的小型生物稱為「浮游生物」，當中會行光合作用的稱為「浮游植物」。事實上不是植物是藻類，由一個或少量的細胞構成。

**新月藻**

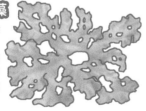

←水池或水田等地方可看到，是新月形狀的小型單細胞藻類。

→生活在水池等地方的小型單細胞藻類，利用鞭毛移動。日本將它開發成保健食品。

**眼蟲藻**

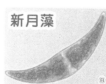
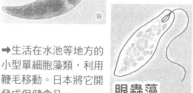